JN309420

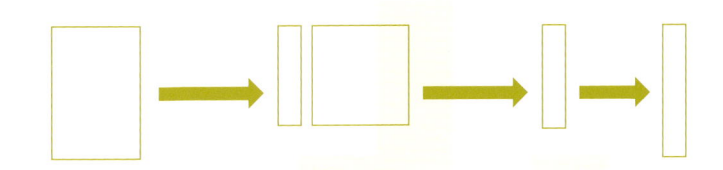

わかる・使える
多変量解析

神宮英夫　著
土田昌司

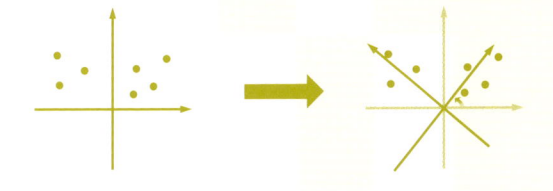

ナカニシヤ出版

まえがき

　市場調査やアンケート調査などさまざまな場面で，データ解析が行われています。単に平均を計算したり分散分析を行ったりというだけではなく，多様な項目間の関係を分析して複雑な関係を明らかにしようという試みが多くなされています。複雑に絡み合った糸を少しずつ解きほぐしていくように。

　特に人が関わる事柄は，思ったほど単純ではなく，複雑な相互関係の上に成り立っています。これらの関係を明らかにするためには，単なる統計だけでは不十分です。やはり多変量解析を駆使せざるをえない状況が多々存在しています。

　5年前に同じナカニシヤ出版から「使える統計―Excelで学ぶ実践心理統計」（櫻井・神宮，2003）を出版しました。幸いにも，多くの方々に読んでいただき，授業などでも使っていただいています。この本では，統計をあくまでも道具として位置づけ，結果をわかりやすく説得力をもって他者に伝えることができることを目的にしています。そのときとまったく同じコンセプトで，本書を構成しました。いってみれば前書の多変量解析版です。

　前半は，「基礎編」として，題名の「わかる」を目指して，数式を一切使わず，行列イメージで，多変量解析を解説することを心がけました。もっとも多くの場面で使われている，クラスター分析・主成分分析・因子分析・重回帰分析の4つの手法を扱っています。本編は，土田が担当しました。

　後半は，「実践編」で，題名の「使える」を目指して，結果の基本的な記述の仕方とともに応用的な使い方についても，実例をまじえて記述しています。各分析手法の最後には，より内容を理解していただくために，「課題」を加えてありますので，分析を試してみてください。なお，この実例は，金沢工業大学心理情報学科3年生の実験実習で行った結果です。本編は，神宮が担当しました。

　多変量解析を行うためのコンピューターソフトは，数多く市販されています。各手法で，SPSS, StatWorks, SYSTAT, Excel を使い分けてありま

す。なお，手元にソフトをお持ちでない場合には，自由に手に入るフリーのソフトもあります。これらのソフトについては，日本計算機統計学会のＨＰ（http://www.jscs.or.jp/）などを参照してください。

　本書の出版に際して，ナカニシヤ出版の編集長宍倉由高氏に，前書に引き続いてお世話になりました。心より感謝いたします。

2008 年 1 月
神宮英夫
土田昌司

目　次

第Ⅰ部　基礎編　1

1　多変量解析とは　3
1.1　多変量解析の発想　4
1.2　さまざまな多変量解析　4

2　クラスター分析　7
2.1　クラスター分析とは　7
2.2　算出の発想と手順　8
2.3　結果の解釈と記述　9
2.4　統計ソフトの設定　10

3　主成分分析と因子分析　13
3.1　主成分分析とは　13
3.2　算出の発想と手順　13
3.3　結果の解釈と記述　17
3.4　統計ソフトの設定　20
3.5　因子分析とは　21
3.6　算出の発想と手順　21
3.7　結果の解釈と記述　25
3.8　統計ソフトの設定　28
3.9　因子分析と主成分分析の違い　28

4　重回帰分析　31
4.1　重回帰分析とは　31
4.2　算出の発想と手順　31
4.3　結果の解釈と記述　34
4.4　統計ソフトの設定　35

4.5　多重共線性の問題　36
4.6　適用上の問題　36

コラム：標準化，行列計算　10
コラム：固有値問題　20
コラム：共通性の推定と回転の手法選択　24
コラム：探索的分析と確認的分析　30
コラム：モデル論の危険性　37

第Ⅱ部　実践編　39

5　QDA法による実験　41
5.1　QDA法とは　41
5.2　SD法との関係　42
5.3　QDA法の実験方法　43
5.4　実験実施　44
5.5　明らかにしたいこと　45
5.6　3次元データの2次元化　46

6　クラスター分析　51
6.1　距離と相関　51
6.2　評価語の関係性　52
6.3　評価者の関係　54
6.4　サンプルの組み合わせ分析　56
　　　課　題　57

7　主成分分析　59
7.1　人・もの・こと　59
7.2　主成分負荷行列　60
7.3　主成分得点　63
7.4　組み合わせ分析　65
7.5　因子分析　68
　　　課　題　71

8 重回帰分析 73

    8.1 原因を探る　73

    8.2 全投入法とステップワイズ法　74

    8.3 多重共線性　77

    8.4 偏回帰係数の比較　81

    8.5 重回帰分析の応用　82

    課　題　85

参考文献　86

索　引　87

第Ⅰ部　基　礎　編

1 多変量解析とは

　私たちは，いつも原因や理由を追い求めている。それは，人の心のことであったり，地球環境のことであったり，何かの出来事であったり，いろいろである。これらを科学的に解明しようとするには，大きく2つの方法がある。1つは，とにかくとらえたいことの事態をシンプルにして原因と結果の対応関係を1つに絞ろうとする方法である。これは，扱う事態が明確になるだけでなく，結果もスマートになる。一般に，実験とよぶ方法はこの手続きをとる。しかし，現実は，このような事態のみではない。たとえば，自分が異性にもてない理由を考えたとしよう。身長が低いとか，口下手だとか，服装が悪いとか，考えればいろいろある。もう少しいえば，これらが組み合わさって悪くなったり，ある原因がさらなる連鎖的な原因を招くことになったりする場合もあろう。このような例は，考えればいくつもある。老舗のうなぎが"うまい"理由とか，ヒット商品の条件とか，病気や事故の原因とか……。つまり，科学的研究には，事態をシンプルにして検証するという手法に加えて，現実の事態をなるべくそのままとらえ，原因と結果の複雑な絡み合いを解きほぐす方法が必要になる。このような方法により，複雑な事態の構造がわかったり，意味がないと思っていたデータから有用な情報が見つかったりする。結果として，複雑に見えていた事態が実はとてもシンプルであることがわかることもある。このように複雑に見える事態を統計的に分析するために登場するのが多変量解析なのである。

1.1 多変量解析の発想

多変量解析の多変量とは，変化する量，つまり，**変数**や原因がたくさんあることを表している。そして，解析とは，**分析**することである。私たちは，情報がたくさんになればなるほど，それを見分けたり，その特徴を見抜いたりすることが苦手になる。それなら，たくさんの変数を少なくしてわかりやすくしようというのが多変量解析の基本的発想である。このたくさんの変数を少なくするために，多変量解析の多くは，変数と変数の相関関係に注目して，似ている変数をまとめたり，影響のある変数を探し出したりしている。これは，もう少し詳しくいえば，データの散らばり（分散）に注目しているということになる。ところが，話はこれだけで終わらない。実際には，その使い分けさえよくわからなくなるほどいろいろな分析方法がある。このような分析方法の違いは，その発想の違いから生じている。つまり，分析が前提とする**モデル**が異なっている。モデルとは，変数の因果関係や潜在的な変数の構造などの想定のことである。多変量解析は，モデル論ともいえ，モデルへの適合度が検討される。多変量解析を用いる場合には，分析の目的を明確にしたうえで，その分析方法の発想を理解して，自分の想定するモデルとの対応を考えなければならない。

1.2 さまざまな多変量解析

多変量解析には，たくさんの種類がある。表Ⅰ-1では，主な分析方法を扱える変数の性質から分類した。まず，多変量解析は，**目的変数**があるかどうかということから分類できる。目的変数とは，**従属変数**や基準変数ともよばれ，説明される変数のことである。たとえば，年収を労働時間と職業で説明しようとしたとすると年収が目的変数になる。また，労働時間や職業は**説明変数**とよばれている。説明変数は，**独立変数**や予測変数ともよばれ，説明するために用いる（原因となる）変数のことである。簡単にいえば，データをグループ化することが目的の分析には目的変数はなく，原因の探索や結果の予測をすることが目的の分析には目的変数がある。実は，これは，多変量解析の発想の分岐

表Ⅰ-1 主な多変量解析の分類

目的変数 (従属変数)		説明変数（独立変数）		分析の目的	
		量的	質的		
なし		クラスター分析		分類・距離関係の記述	要約
		主成分分析	コレスポンデンス分析	変数の集約・変換・図示	
		因子分析	数量化3類	潜在変数の発見	
		多次元尺度構成法	数量化4類	類似度からの尺度構成	
あり	量的	重回帰分析	数量化1類	原因の発見・評価	予測
		正準相関分析	コンジョイント分析	好ましい組み合せの発見	
	質的	判別分析	数量化2類	ケースの判別・分類	

点である。1つは，変数の類似性に基づいて変数をまとめてしまうという発想で，もう1つは，関係のない変数は除いてしまおうという発想である。いずれの発想においても，結局はたくさんの変数を少なくすることができる。次に，分析に用いるデータ（変数）が質的か量的かということから分類できる。**質的変数**とは，データがカテゴリとしての意味のみの変数のことで，例えば，性別や職業のようなデータがこれにあたる。これらは，便宜上，数値に置き換えることができても，その値で四則計算することはできない。これに対して，**量的変数**とは，数えることができる値で，得点や5段階評定値のように四則計算することが許される変数である。目的変数のある多変量解析では，目的変数と説明変数にそれぞれ質，量の異なる変数を用いることができる。しかし，多くの分析では，質，量の異なる変数を同時に用いることはできない。

表Ⅰ-1の他にも，**確認的因子分析**や**共分散構造分析**など，研究者の想定したモデルとの適合性を評価したり，複数の手法を組み合わせた分析手法も登場している。また，**グラフィカル・モデリング**とよばれる多変量データの図的な要約を目指す分析方法も登場している。膨大なデータの中から研究者の気がつかない有用な情報を発見しようとすることを**データマイニング**とよんでいる。今日の多変量解析の使用においては，このデータマイニングという意味の中に，データから何かを発見しようとする**探索的分析**という発想のみではなく，研究者の想定するモデルにデータが適合するかどうか検討する**確認的分析**（検

証的分析）といった積極的な分析も含まれている。

　基礎編では，さまざまな多変量解析の手法の中から，今日よく用いられており，基本となる，クラスター分析，主成分分析，因子分析，重回帰分析の4つの手法を取り上げる。そして，これらの分析の発想，算出の方法，コンピュータによる分析ソフトウェアの設定，論文への記載方法，などについて述べていきたい。

2 クラスター分析

2.1 クラスター分析とは

　分類は科学の基本だといえる。科学のみでなく，私たちはいろいろな情報を分類してわかりやすくしようとする。しかし，どのように分類するのかというその方法や基準を決めるのはとても難しい。たとえば，分類しようとする変数が少ないときには，**相関係数**を使ってその程度から何とか分類できるかもしれない。しかし，変数がたくさんになると相関関係の程度はさまざまで，複雑な関係になり，その値だけからたくさんの変数をいくつかのグループに単純に分類することは難しくなる。それならば，変数の類似の関係と程度がわかるように並べて図示してしまおうというのが**クラスター分析**の発想である。クラスタ

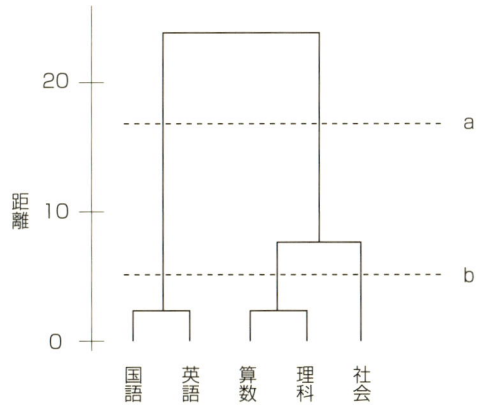

図I-1　クラスター分析の出力結果（デンドログラム）

一分析では，類似の程度を距離として表す。距離が近いほど似ていることを示すことになる。この分析の結果は，**デンドログラム**（樹状図）とよばれる図Ⅰ-1のような図として表示される。この図では，デンドログラムの高さが変数の距離を表しており，低い位置で線がつながっているものほど距離が近く類似していて，高い位置でつながっているほど距離は遠く似ていないことを表している。この図を見ると国語と英語，そして，それ以外でまとまりができている。このまとまりのことを**クラスター**とよんでいる。このようにクラスター分析は，変数や評価者の距離に注目してその程度を図示してまとまりを作り出そうとする分析法である。この分析では，変数や評価者についての類似度やクラスター化されていく過程を図的に見ることができるという特徴がある。

2.2 算出の発想と手順

クラスター分析を行う（図Ⅰ-2）には，まず，変数間の距離（類似の程度）にどのような指標を用いるのかが問題となる。一般に，**平方ユークリッド距離**とよばれる指標がよく用いられる。これは，2つの変数間の距離に，データのペアとなる2つの値の差の2乗を用いる。この距離をすべての値の組み合わせについて求め，変数間の距離を算出する。これを距離行列とよんでいる。この距離行列の中から距離の近い（値の小さい）ものから順にトーナメント表

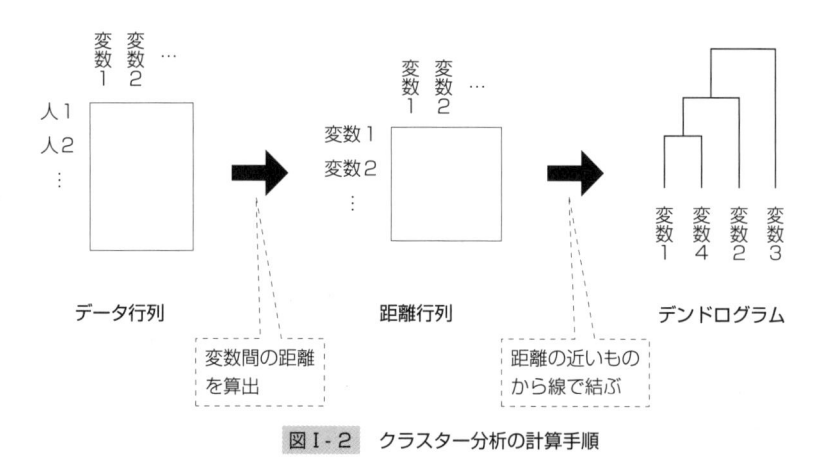

図Ⅰ-2　クラスター分析の計算手順

のように線で結んでクラスターを作成していく。ところが，ここで問題が生じる。それは，いくつかの変数のまとまり（クラスター）ができるとクラスターと変数あるいはクラスター間の距離を算出する必要がでてくるからである。この算出方法にはいくつかの方法がある。一般に，**ウォード法**とよばれる方法がよく用いられる。この方法では，あるクラスターと別の変数あるいはクラスターを合併したときと合併する前それぞれのクラスターの重心（平均）と変数の差の2乗の合計（群内平方和）を求め，その差がもっとも小さくなる合併の組み合わせを次に合併するクラスターとする。このようにクラスターを合併していき，すべての変数が1つのクラスターになるまで続けられ分析が終了する。ここでは，変数間の距離に平方ユークリッド距離，クラスターの距離にウォード法を用いた。しかし，他にも，距離には相関係数を用いる方法や変数間の差の合計を用いる**マンハッタン距離**を用いる方法，クラスター間の距離にはクラスター間でもっとも近くなる変数間の距離を用いる**最近接法**やクラスター内の平均を用いる**重心法**など，いくつかの方法がある。これらの方法により結果は，大きく変わってしまうこともある。しかし，クラスター分析は，変数間の距離を何らかの方法で求めることができれば使用することができるので，**順序尺度**にも用いることが可能であり，適用範囲の広い分析法でもある。

2.3　結果の解釈と記述

　クラスター分析により，デンドログラムが得られても変数の分類までは行ってくれない。変数の分類をするためには，デンドログラムのどの距離（高さ）で区切って分類するのかを決めなければならない。しかし，この基準の一般的な決まりはない。先ほどの説明では，図I-1のaの位置で区切り国語と英語，それ以外というように2つのクラスターを採用した。しかし，bの位置で区切り国語と英語，算数と理科，社会というように3つのクラスターを採用することもできる。クラスターをいくつ採用するかは，クラスターの解釈のしやすさから決めたり，クラスター間の距離が大きく離れたところで区切ったり，クラスターの数が理論的に決定できる場合にはそれに従ったり，などの基準が用いられる。クラスター分析では，その距離の意味が基準化されているわけではな

いのでその値を他の分析結果と単純比較することはできない。論文やレポートには，デンドログラムとどのような距離，クラスターの作成方法を用いたのかを記載する必要がある。分類を行った場合には，その基準についても述べなければならない。図Ⅰ-1のaの例では，「平方ユークリッド距離，ウォード法によるクラスター分析を行い，クラスター間距離の最も大きくなることを基準に2つのクラスターを採用した」という具合である。

2.4 統計ソフトの設定

コンピュータの統計処理ソフトによるクラスター分析では，まず，クラスターの対象を選択する。例では，5科目の学力テストの得点を想定して解説してきた。これは，**変数クラスター**とよばれる方法で，変数の分類を目的とする方法であった。また，評価者を分類したいという場合もある。これは，**サンプルクラスター**とよばれている。この場合には，分析の対象を評価者（ケース）に設定する。次に，どのような距離とクラスター化の方法を用いるのかについて設定を行う。この他にも，分析する変数によって散らばり具合（分散）が大きく異なり，その違いを結果に影響させたくない場合には，データを，平均0，標準偏差1に変換（これを**標準化**とよぶ）する設定を行う必要がある。

これまで紹介してきたクラスター分析は，**階層化クラスター分析**とよばれている。実は，この他にも，デンドログラムのような図を表示しない**非階層クラスター分析**とよばれる方法もある。非階層クラスター分析では，複数の変数の評価パターンからいくつかのまとまり（クラスター）が作成される。

コラム：標準化，行列計算

統計学の勉強をしていると幾度か標準化するという場面に遭遇する。本書の中でも何度か登場している。標準化とは，もとのデータの分布を平均が0で標準偏差が1になるように変換することである。標準化する前のデータは，変数によって最小値や最大値，標準偏差が異なるので単純に比較することができない。標準化をすることにより，平均や標準偏差の異なる変数の個々の値を比較することが可能にな

る。このため，標準化はよく用いられている。これに加えて，多変量解析では，それ以上のメリットがある。多変量解析では，扱うデータが膨大になる。この表現や計算には，その容易さから行列やベクトルが用いられる。この行列やベクトルの計算において標準化されたデータを用いるとその処理が簡単になることが多い。たとえば，複数の変数のある人数分のデータ（データ行列）とこの行列の行と列を入れ換えた行列（転置行列）の積は，分散・共分散行列になる。しかも，標準化されたデータの場合，分散は1で，共分散は相関係数と同一になる。このようにデータの標準化と行列計算は，多変量解析と切り離せない関係にあるのである。

3 主成分分析と因子分析

クラスター分析を用いれば変数や評価者をいくつかのグループに分けることができる。しかし，実際には，同じグループになったからといって，その変数や評価者の特徴が完全に一致するわけではない。微妙な違いがあったり，別のグループの特徴を持ち合わせていたりすることもある。次に紹介する**主成分分析**や**因子分析**では，これらが考慮される。これらの分析では，変数のグループ化を行えるのみでなく，データに隠れたいくつかの共通要素が抽出され，この要素へのそれぞれの変数の貢献度や個人ごとの得点を得ることができる。

3.1 主成分分析とは

主成分分析は，測定したたくさんの変数を組み合わせて，それより少ない新しい変数を作ることにより，データの特徴を表す分析である。たとえば，この分析により，アンケートの10の質問項目の評価から2つの新しい変数が作られる。この新しい2つの変数は，10の質問項目の評価の特徴を集約した統合的な内容を示した変数となる。この新しい変数を**主成分**とよんでいる。たとえば，5科目の学力テストを複数の参加者に行った結果から，多くの参加者の学力を表す「総合学力」と個別的な能力の違いを表す「数的能力」と解釈できるような主成分が算出される。

3.2 算出の発想と手順

ここでは，説明を簡単にするために3つの質問（変数）について複数の評価

者から評価が得られている場合を想定する。そして，この3つの変数から，2つの新しい変数（主成分）を作成することを考えていく。3つの変数の組み合わせとして，2つの新しい変数（主成分）は，図Ⅰ-3のように表すことができる。3つの変数には，それぞれに重み（係数）をかけて新しい変数への参加の度合いを調節する。新しい変数が3つの変数の値（評価）をもっとも効率よく集約するようにこの重みを調節しなければならない。つまり，新しく作られる変数は，もとの3つの変数の値の微妙な違いを表すことができる必要がある。このために，新しく作られる変数の個々の値の散らばり具合（**分散**）がもっとも大きくなるように重みを調節する。分散がもっとも大きいということは，個々のデータの違い（個人差）が最大限に大きくなり，データの微妙な違いが最大限に反映されることになる。

　ここからは，図によって説明しやすいように2つの変数から主成分を作成する場合を考える。図Ⅰ-4を見るとデータ（評価値）の分布の中心からもっとも散らばり（分散）が大きい方向に直線を引いてある。主成分分析では，この傾いている直線の傾きを考えなくてもよいようにもとの変数を変換する計算式を探し出す作業を行っている。そして，この変換式の算出結果を**第Ⅰ主成分**とよぶ。つまり，図Ⅰ-4の左側の図のもとの2つの変数の分布は，図Ⅰ-4の右側の図の直線のように1つの新しい変数（値）に変換される。図Ⅰ-4では，

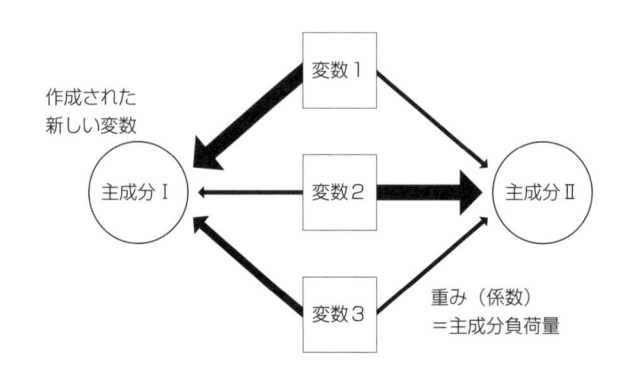

図Ⅰ-3　主成分分析の発想

矢印の大きさは，重み（影響力）の大きさを表している。例では，主成分Ⅰへは変数1が，主成分Ⅱへは変数2が大きく影響することを表している。

散布図の散らばりが大きい方向に直線を引く。

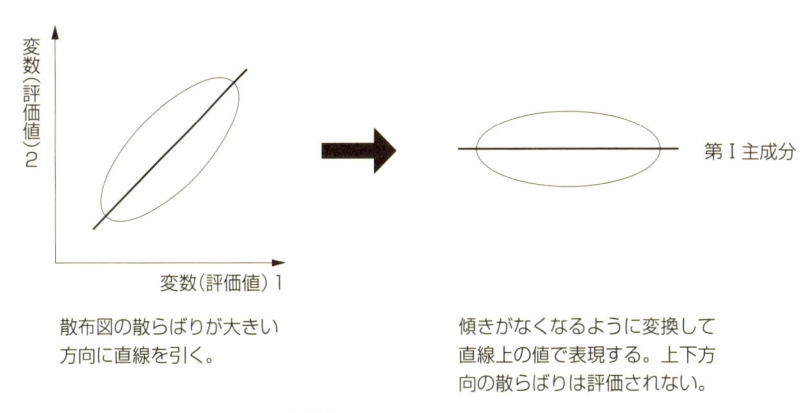

傾きがなくなるように変換して直線上の値で表現する。上下方向の散らばりは評価されない。

図I-4 主成分を求める手順1

もっとも分散が大きくなる方向に1本の直線を引いたが，さらに，分散が大きくなる方向に別の直線を引くこともできる（図I-5）。この直線は，1本目の直線と直角に交わっている（これを**直交**しているという）。これも同じように傾きがなくなるように変換する。これが**第Ⅱ主成分**になる。これを第Ⅰ主成分と合わせて図示すると，図I-5の左側の図の直線が右側の図のように変換される。この2つ目の変換式により変換された値（第Ⅱ主成分）と1つ目の変換式により変換された値（第Ⅰ主成分）はまったく相関をもたないという特徴がある。このことは，第Ⅰ主成分がもとの変数の共通要素を集約し，第Ⅰ主成分

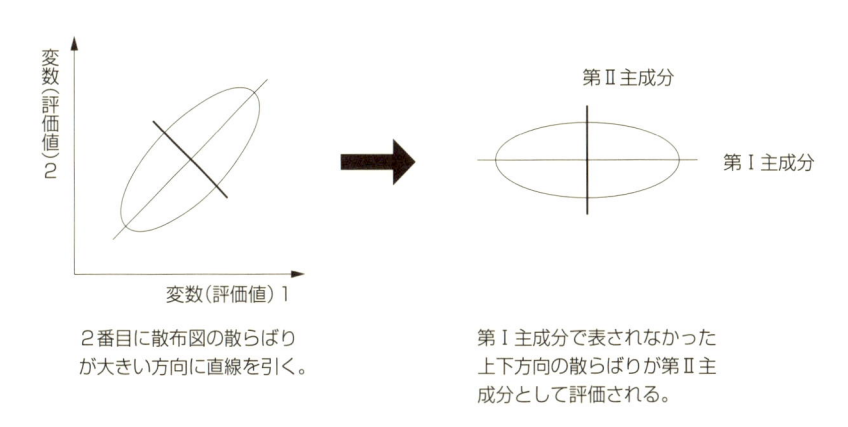

2番目に散布図の散らばりが大きい方向に直線を引く。

第Ⅰ主成分で表されなかった上下方向の散らばりが第Ⅱ主成分として評価される。

図I-5 主成分を求める手順2

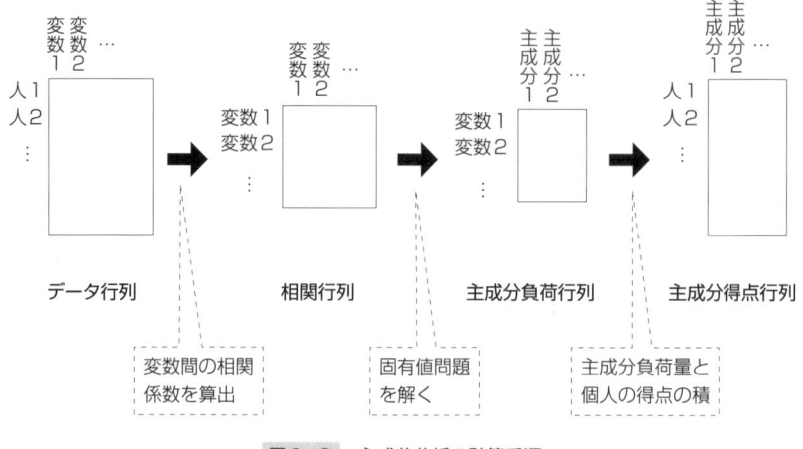

図 I-6 主成分分析の計算手順

データ行列 → 相関行列 → 主成分負荷行列 → 主成分得点行列

- データ行列 → 相関行列：変数間の相関係数を算出
- 相関行列 → 主成分負荷行列：固有値問題を解く
- 主成分負荷行列 → 主成分得点行列：主成分負荷量と個人の得点の積

で集約できなかった情報が第Ⅱ主成分になる，というようにデータが集約されていることを示している。この例では，説明をわかりやすくするために2つの変数から2つの新しい変数（主成分）を作成したので，もとの変数を集約したとはいえない。しかし，実際にも同じような手続きにより複数の変数からそれより少ない主成分を作成していく。変数を集約した新しい変数（主成分）は，変数の数まで求めることができる。そして，同様にすべての主成分の間に相関はない。

実際の計算手順（図 I-6）では，まず，もとの変数間のすべての組み合わせの相関係数（相関行列）を算出する。この相関行列をもとに，行列の**固有値**問題とよばれる問題を解く計算により，新しく作られる変数の分散（固有値）ともとの変数への重み（**固有ベクトル**）が算出される。この計算では，変数への重みがどのような値でも当てはめられてしまうので，それぞれの重みの2乗の合計を1に制限する。この計算は，コンピュータで解かなければならない複雑な計算となる。固有値は，もとの変数の数（例では2つ）だけ存在し，もっとも大きいものから順に採用される。これにより，変数の変換式ができあがり，もっとも大きい固有値の新しい変数が第Ⅰ主成分とよばれ，2番目に大きい固有値の新しい変数が第Ⅱ主成分……，というように，変数の数まで変数を集約した新しい変数（主成分）を求めることができる。

3.3 結果の解釈と記述

ここからは具体例を示しながら説明していく。表 I-2 には，10 の評価項目を用いたときの主成分分析のすべての固有値，**寄与率**，**累積寄与率**なるものが記載されている。コンピュータの統計処理ソフトにおいても，このような結果が出力される。固有値は，新しい変数（主成分）のデータの散らばり具合（分散）を表している。寄与率は，固有値をもとの変数の数（例では 10）で割った値であり，その主成分がどれだけもとの変数を集約できているかの割合を表している。また，累積寄与率は，該当する主成分までの寄与率の合計である。

主成分分析を行ったときには，まず，この表の結果から，新しい変数（主成分）をいくつ採用するかを決定しなければならない。先ほど述べたように，新しい変数は，もとの変数の数だけ求めることができる。しかし，これをすべて採用してもデータを集約したことにはならない。なるべく少ない主成分でもとの変数の多くの性質をとらえるように採用する数を決めなければならない。これを決めるための基準はいくつか存在する。まず，固有値が 1 以上の主成分を選択するという基準（**カイザー基準**），固有値の減少傾向が弱くなる手前まで選択するという基準（**スクリー基準**，図 I-7），累積寄与率が規定値以上にな

表 I-2　主成分ごとの固有値・寄与率・累積寄与率

主成分	固有値	寄与率（%）	累積寄与率（%）
1	4.13	41.27	41.27
2	1.92	19.23	60.50
3	0.90	9.00	69.51
4	0.73	7.26	76.77
5	0.70	7.00	83.77
6	0.62	6.24	90.00
7	0.43	4.31	94.31
8	0.28	2.84	97.15
9	0.15	1.51	98.67
10	0.13	1.33	100.00

18　第Ⅰ部　基礎編

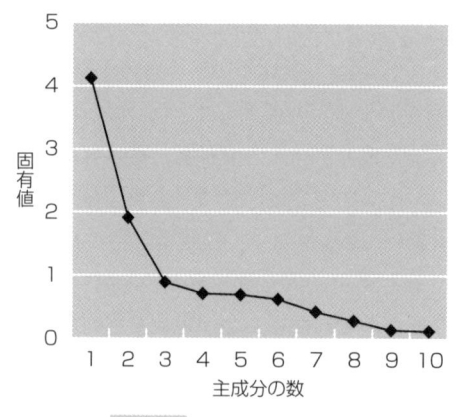

図Ⅰ-7　スクリープロット

主成分ごとの固有値がグラフにしてある。折れ線がなだらかになる直前（例では主成分が2つ）を主成分の採用の基準にする。

るまで選択するという基準，主成分の内容から解釈しやすい数を採用するという基準（これは，この表からのみではできない），これらを総合的に判断して採用する，などである。固有値が1以上という基準は，新しい変数（主成分）がもとの変数の情報と同等以上の情報をもつことを意味している。また，累積寄与率により主成分を選択するという基準は，少なくとも50％以上にならなければ集約する意味がないという発想である。主成分の採用の基準は，研究分野により異なることもある。これらの基準は，それほど強い根拠があるものではなく，恣意的に採用されることがあることも忘れてはならない。重要なことは，客観的に結果を示すということとどのようにデータを解釈するのかということである。論文やレポートには，主成分の採用基準を述べる必要がある。例では，固有値の減少傾向と累積寄与率が60％以上の基準から2つの主成分を採用した。

　主成分を採用する数を決めたら，表Ⅰ-3のような表を作成する。論文やレポートには，この表を記載する。コンピュータによる分析においてもこの表に似た結果が出力される。この表には，**主成分負荷量**，固有値（新しい変数の分散），寄与率，累積寄与率を記載する。主成分負荷量は，変換の重みと固有値から算出され，それぞれの主成分ともとの変数の関係の強さを表している。実

表I-3 評価項目の主成分分析結果

評価項目	I	II
評価項目1	.58	**.67**
評価項目2	**.61**	.59
評価項目3	**.75**	-.05
評価項目4	**.77**	-.16
評価項目5	**.71**	-.14
評価項目6	.26	**.65**
評価項目7	**.68**	-.47
評価項目8	**.75**	-.51
評価項目9	**.65**	-.20
評価項目10	**.48**	.37
固有値	4.13	1.92
寄与率（%）	41.27	19.23
累積寄与率（%）	41.27	60.50

※ IとIIは主成分，数値は主成分負荷量を表している。主成分負荷量の高い項目を太字にしている。

は，主成分負荷量は，相関係数と同じ意味をもつ値である。正の値の場合，もとの変数の値が大きいほど，新しい変数の値も大きくなるという関係にあり，負の値の場合には，もとの変数の値が大きいほど，新しい変数の値は小さくなるという関係にある。また，同じ主成分の主成分負荷量の2乗の合計が固有値になる。

さらに，採用した主成分には，その内容を解釈し命名するのが一般的である。この作業をコンピュータは行ってくれない。主成分負荷量の高いもとの変数（評価項目）に共通している要素を見極めて，その主成分が何を表しているのかを解釈し命名する。主成分分析では，第I主成分がもとの変数の共通要素になり，第I主成分で説明できない情報が第II主成分というようにデータが集約されていく。このため，一般に，第I主成分は，もとの変数全体の統合的内容を示し，第II主成分以降は，評価者の個別的特徴を表すことが多い。また，第I主成分の寄与率がとても高くなる傾向がある。

3.4 統計ソフトの設定

　コンピュータの統計処理ソフトにより主成分分析を行う場合には，これまでに説明したことを含め，いくつかの設定が必要になる。まず，分析に用いるデータに相関行列を用いるのか分散・共分散行列を用いるのかを選択する。一般に，相関行列を用いる場合が多い。この場合，データを標準化（平均0，標準偏差1に変換）して分析を行う。しかし，体重と血圧のように変数ごとにデータの値の最大値や分散が異なり，これらの違いを結果に反映させたい場合には分散・共分散行列を用いる。また，主成分の採用基準（前述）の設定，主成分負荷量の並べ換えなどの設定を行う。結果を見やすくするために，主成分負荷量を主成分ごとに大きい順に並べて表示したり，極端に小さな主成分負荷量は表示しないなどの設定を行うと主成分の解釈を行いやすい。ただし，一般に，主成分分析の結果表示では，主成分負荷量の並べ換えは行わない（図Ⅰ-3参照）。さらに，主成分分析の結果を用いて他の分析を行うことが予定される場合には，**主成分得点**の出力を行う。主成分得点は，新しく作られた変換式にもとの変数を標準化した値を代入して算出した値である。この値は，主成分負荷量ともとの変数の値の積の合計となる。主成分得点は，主成分ごとに評価者それぞれの値が算出される。ただし，ここで出力される主成分得点は，標準化されているので，もとの変数と単純比較はできない。この主成分得点を用いて評価に用いた素材（サンプル）や項目ごとの平均値や標準偏差を求めることができる。個人ごとの得点を含め，これらの主成分得点を散布図に表したものがよく用いられる。これは，**主成分得点布置図**（実践編，図Ⅱ-10を参照）とよばれている。この布置図を用いると個人や素材がどのように分布しているのかがわかりやすくなる。ただし，図示の都合上，2つないし3つの主成分しか同時に表示できない。

コラム：固有値問題

　主成分分析では，新しい変数の分散を最大にするように変換式の重み（係数）を決めるという計算をする。このためには，ラグランジュの未定係数法という計算手

法を用いる。すると，行列の固有値問題とよばれる数学ではとても有名な数式を解く問題に突き当たる。この数式では，もとの変数間のすべての組み合わせの相関係数の表（相関行列）と重み（固有ベクトル）の積は，この重みと新しい変数の分散（固有値）の積として表現される。この式はとてもシンプルに見えるが，実際には，変数が多くなるとこれを解くのは大変になる。この固有値を求める問題は，主成分分析のみでなく因子分析においても登場する。固有値問題は多変量解析のみならず，数学や自然科学の重要な問題となっている。

　固有値は，線形変換に固有の値である。固有値と固有ベクトルは，データを効率的に変換するための情報量（分散）が最大になる方向とその大きさを表している。固有値を用いることによりデータの特徴を少ない値で表現できることになる。この値を探すために固有値問題が登場し，結果として，データが集約され，データの特徴が表されることになる。

3.5　因子分析とは

　主成分分析は，変数を再構成することにより，変数を集約したり，データの特徴を解釈したりする分析であった。これから説明する因子分析は，分析結果の見た目が主成分分析ととてもよく似ている。しかし，データに潜んでいる要素（潜在変数）を探し出そうとする発想の異なる分析である。因子分析では，たくさんの変数がどのような要素から構成されているのかを分析する。たとえば，性格に関する質問項目を複数用意しその評価が得られたとき，このデータを分析することにより，「社交性」や「抑うつ性」と解釈されるような性格の要素が抽出される。この要素を**因子**とよんでいる。この因子は直接観測することができない心の構成要素といえる。因子分析は，直接観察できない概念や要素を想定して，これを発見しようとする分析である。

3.6　算出の発想と手順

　因子分析に用いられるデータの形式は，主成分分析と基本的に同じである。しかし，因子分析は，主成分分析のように変数をまとめて新しい変数に集約す

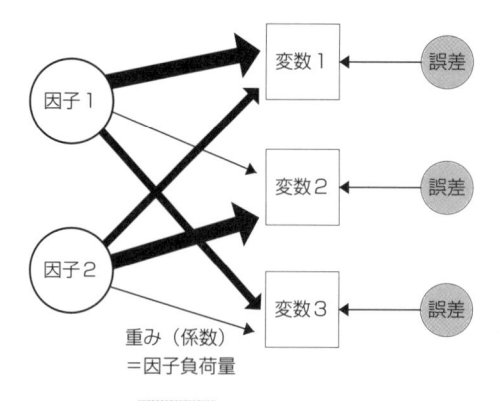

図I-8　因子分析の発想

ることを目的とはしていない。いくつかの変数の共通した要素（因子）を見つけることが目的となる。このために，因子分析では，いくつかの因子の合計からもとの変数（評価値）が構成されていると考える。このとき，図I-8のように，もとの変数への因子の貢献度を調節するために重み（係数）をかけ合わせる。この重みは**因子負荷量**とよばれている。また，因子のみで説明できないもとの変数の要素を誤差として想定している。この因子負荷量の2乗の合計は**共通性**（h^2），誤差の2乗は**独自性**とよばれている。そして，これらの共通性と独自性の合計を1に制限している。つまり，因子分析は，データから誤差を取り除いて共通の要素（因子）を見つけ出そうとする分析といえる。主成分分析ではこの誤差は想定されていなかった。

　この因子の算出手順（図I-9）は，主成分分析ととてもよく似ている。まず，標準化したデータにおいて，全ての組み合わせの相関係数（相関行列）を算出する。そして，これをもとに因子負荷量を算出する。しかし，因子分析の方では，この手順がかなり複雑となる。それは，因子分析では，相関行列（正確には分散）から誤差（独自性）を差し引いて考えるためである。これは，相関行列の同じ変数間の部分（これを対角成分とよぶ）の1を共通性に置き換えるという手続きにより行われる。主成分分析ではこの置き換えはない。この共通性の値は事前にはわからないので推定することになる。この推定された共通性により因子負荷量を算出する。共通性の推定には，**主因子法**とよばれる方

図 I-9 因子分析の計算手順

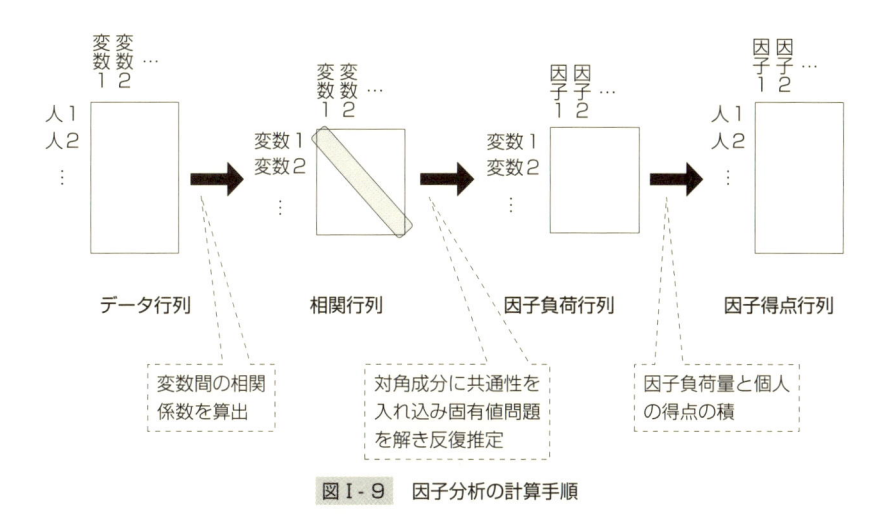

データ行列 → 相関行列 → 因子負荷行列 → 因子得点行列

- 変数間の相関係数を算出
- 対角成分に共通性を入れ込み固有値問題を解き反復推定
- 因子負荷量と個人の得点の積

法がよく用いられている。主因子法では，まず，仮の共通性（共通性の初期値）を設定する。この共通性の初期値には，相関係数の最大値や**重決定係数**（後述）が用いられる。この共通性を用いて固有値問題を解くことによりとりあえずの因子負荷量が得られる。次に，このとりあえずの因子負荷量から共通性を算出する。この値は，普通，共通性の初期値と大きく異なる。そこで，この算出された共通性を，再度，対角成分に入れ込み因子負荷量を計算し，共通性を算出する。この作業を共通性の値の変化が小さくなるまで繰り返す。共通性の推定方法には，この他にもその方法の違いから**最尤法**や**最小2乗法**などさまざまな方法がある。

　因子分析では，さらに，**回転**と呼ばれる手続きが行われる。因子分析においても主成分分析と同様に因子がどのような内容を表しているのかの解釈を行う。回転は因子の解釈をしやすくするために行われる。回転の方法にはさまざまな方法があるが，その基本には**単純構造**という考え方がある。単純構造とは，それぞれの変数がどれか1つの因子に高い相関をもつことをいう。つまり，図示すると，図 I-10 の左側の回転前の因子負荷量の分布に対して図 I-10 の右側の図のように回転させて軸の近くにデータが近づいている状態のことをいう。回転は，変数間の関係を変化させずに，なるべく1つの因子と相関が高くなるように，因子負荷量を変換することといえる。この回転には，**直交**

図I-10　因子の回転

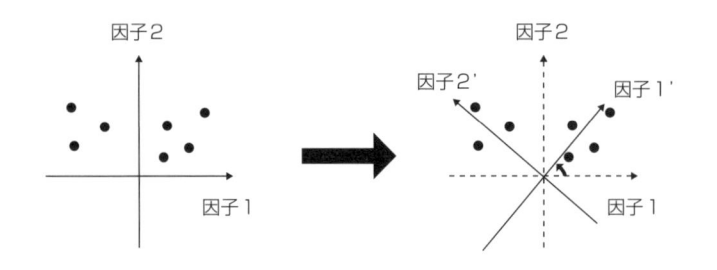

（左）因子1と因子2の因子負荷量の散布図
（右）もとの軸を回転させることにより新しい軸の近くにデータが近づくようにする

回転と**斜交回転**の2種類がある。直交回転では，因子間に相関がまったくないことを前提として回転するのに対して，斜交回転ではこれを前提とはしない。斜交回転を行った場合には，因子負荷量（因子パターン）と因子構造（相関行列）の2つの分析結果が表示される。因子構造とは，変数と因子の相関係数を表している。一般に，直交回転の**バリマックス法**がよく用いられている。直交回転には，他にも，クオーティマックス法やエカマックス法などの方法がある。また，斜交回転にも**プロマックス法**や**オブリミン法**などの方法がある。これらの方法の違いは，単純構造の考え方の違いやその評価基準が異なるために生じている。直交回転と斜交回転の結果は，大きく異なることもある。斜交回転の方が単純構造を得られることもある。直交回転は，現実のデータへの適用という意味で因子間に全く相関がないという前提が不自然さを伴う。一方，斜交回転は，因子間の独立を前提としないので想定される心理学モデルがやや複雑になるといえる。

コラム：共通性の推定と回転の手法選択

　因子分析を使用するときに生じる問題の1つは，共通性の推定と回転の手法にどの方法を用いるかということである。本文では，主因子法とバリマックス回転がよく用いられると述べた。しかし，厳密には，研究分野によって異なるだけでな

く，時代とともに変化してきた。それではこれらの方法が，どのように異なり，どの方法が適切なのか，という問題になるが，これを理解するのは難しい。共通性の推定については，経験的にはどの手法でも大きな違いはない気がする。一般に，最尤法を用いるとデータが因子分析のモデルに適したものでないと解が得られないことがあるといわれている。最尤法では，データを母集団からの標本ととらえて共通性を推定する。最近よく用いられるようになった最小2乗法は，推定されたモデル上の相関係数行列と実際の相関係数行列の差が小さくなるように共通性を推定する。この方法は，コンピュータの性能が向上したことにより可能になった方法である。これらの2つの方法は，主因子法と比較すると数学的な根拠が明確であることが利点といえる。また，回転の手法については，回転の基準が異なることにより手法が異なっている。バリマックス法では，因子ごとに因子負荷量の2乗の分散（variance）の合計が最大（max）になるように回転する。クオーティマックス法では，これを評価項目ごとに行う。オブリミン法では，因子負荷量の因子間の共分散の合計が最小になるように回転する。プロマックス法では，直交回転の因子構造をもとに斜交回転する。回転の手法は，どの方法を選択するかで因子構造が変わることもある。理論的にどの方法がよいという根拠がない限りは，先行研究との対応や解釈のしやすさ，単純構造が得られることなどから判断すればよいだろう。

3.7 結果の解釈と記述

ここからは具体例を示しながら説明していく。表 I-4 には，10 の評価項目を用いたときの因子分析のすべての固有値，寄与率，累積寄与率が記載されている。コンピュータの統計ソフトにおいても，このような結果が出力される。これらは，主成分分析のときとほぼ同じである。因子の採用数についても主成分分析のときと同じ基準が用いられる（3.3 参照）。ただし，主成分分析では第 I 主成分に寄与率が偏る傾向があるのに対して，因子分析では寄与率が複数の因子に均等になり，採用される因子数も多くなる傾向がある。また，因子分析では主成分分析に比べ寄与率が低くなる傾向がある。因子分析では，潜在変数の発見が第一の目的となるので累積寄与率が50％以下の場合でもその因子数が採用されることもある。さらに，評価項目（変数）の数と採用できる因子数の関係には**レダーマンの限界**と呼ばれる最低数があるといわれている。1因子

表 I-4 因子ごとの固有値・寄与率・累積寄与率（主因子法，バリマックス回転）

因子	初期			回転後		
	固有値	寄与率（%）	累積寄与率(%)	固有値	寄与率（%）	累積寄与率(%)
1	3.89	38.86	38.86	2.46	24.64	24.64
2	1.92	19.16	58.03	1.81	18.15	42.79
3	1.04	10.39	68.42	1.45	14.55	57.34
4	0.75	7.50	75.91			
5	0.62	6.20	82.12			
6	0.55	5.53	87.65			
7	0.43	4.34	91.98			
8	0.34	3.37	95.36			
9	0.25	2.54	97.90			
10	0.21	2.10	100.00			

※ 因子分析では，採用する因子数や回転により，それぞれの値が変化するので，論文に記載する値は，最終的なパラメータによるものにする。

を抽出するには評価項目が最低3つ，2因子では5つ以上必要という基準である。因子分析を適用する際には，ある程度の質問項目数を用意しておく必要があるといえる。論文やレポートには，共通性の推定方法，回転の種類とともに因子数の決定基準についても記載する必要がある。例えば，「主因子法，バリマックス回転により，固有値が1以上の基準から3因子を抽出した」という具合である。

因子の採用数を決めたら，表 I-5 のような表を作成する。因子分析では，採用する因子数や回転によって，因子ごとの固有値や寄与率も変化するので表の記載や解釈の際には，その因子数のときの出力結果を用いる必要がある。論文やレポートには，この表を記載する。この表には，回転後の因子負荷量，共通性，固有値，寄与率，累積寄与率を記載する。共通性を記載する以外は，主成分分析とほぼ同じである。ただし，因子負荷量は，因子ごとに絶対値で大きい項目から順に並べ換えて記載する。また，斜交回転の場合には，因子負荷量（因子パターン）と因子間の相関係数を記載する。この表には，一般に，因子名も記載する。因子分析においても，主成分分析と同様に因子の内容を解釈し

表 I-5 評価項目の因子分析結果（主因子法，バリマックス回転）

評価項目	F1	F2	F3	共通性
1. ○○因子				
評価項目8	.88	-.09	.29	.86
評価項目4	.72	.01	.27	.59
評価項目9	.71	.11	.09	.52
評価項目5	.58	.28	.11	.43
2. ○○因子				
評価項目1	.24	.80	-.06	.70
評価項目2	.16	.76	.25	.66
評価項目6	-.11	.53	.08	.30
評価項目10	.08	.39	.27	.23
3. ○○因子				
評価項目3	.26	.25	.87	.89
評価項目7	.42	.11	.61	.56
固有値	2.46	1.81	1.45	
寄与率（%）	24.64	18.15	14.55	
累積寄与率（%）	24.64	42.79	57.34	

※ F1, F2, F3は因子，数値は因子負荷量を表している。因子ごとに因子負荷量の高い項目から順に並べてある。

命名する。ただし，因子分析の因子は，主成分分析の主成分とは異なり，因子それぞれが個別の概念を表している。主成分分析では，5科目の学力テストの結果から総合学力と数的能力という主成分が抽出される例を説明した。因子分析では，同じデータにおいて，文系能力と理系能力と解釈できるような因子が抽出される可能性がある。

　因子分析の実際の適用においては，一度の分析で終了することはまずない。一般的には，共通性の推定や回転の手法，因子数や因子の採用の基準を変えて何度か分析を試みて，もっとも適当な結果を採用することが多い。また，心理検査などの尺度構成や因子数が事前に確定されている場合には，因子負荷量や共通性を見ながら分析に用いる変数の増減を行い何度か分析し先行研究との適

合性を検討する。

3.8 統計ソフトの設定

　コンピュータの統計処理ソフトにより因子分析を行う場合も，主成分分析の場合とほとんど同じである。統計ソフトでの設定としては，まず，共通性の推定手法と回転の手法を選択する。そして，因子の採用基準，因子負荷量の表示設定，因子得点の出力などの設定をする。因子得点は，主成分得点と同様に，評価者ごとに算出され，個人の特性（因子）の強さが反映された値となる。また，コンピュータによる因子分析特有の問題として，変数の数よりもケース（評価者）数が多くないと分析できないという制約がある。この他にも，分析を実行しても，分析が途中で打ち切られて結果が表示されないことがある。このような場合，共通性の推定や回転において計算の終了基準に達する前に設定された反復計算の回数を超えている場合が多い。このときには，反復計算の回数を多くするなど設定を変える必要がある。

3.9 因子分析と主成分分析の違い

　因子分析はよく主成分分析と対比される。まったく異なる分析であるという記述もあれば，ほとんど同じような分析であるというような記述もある。この違いは2つの点に集約できる。1つは，計算手法という点で，これはとてもよく似ている。統計ソフトによっては，因子分析の共通性の推定手法の選択肢の中に主成分分析（主成分解や非反復主因子法とよばれることもある）が含まれている場合もある。因子分析では，誤差を取り除き分析するために共通性を推定する。しかし，主成分分析では，誤差はない，あるいは無視して計算するので共通性は1であり，推定を行わない。また，回転も行わない。実は，これ以外は，因子分析と主成分分析は同じだといえる。

　しかし，分析の発想，特に因果関係のとらえ方はまったく逆といってよい。主成分分析は，もとの変数を再構築して新しい変数（主成分）を作成する，いわば集約，合成の分析である。これに対して，因子分析は，もとの変数からい

くつかの要素（因子）を探し出そうとする，いわば，分解の分析といえる。このことは，実際の分析の使用において使い分けなければならないポイントとなる。たとえば，性格を構成する要素をデータの中から探し出そうとするときには因子分析を用いる。この場合には，性格が何らかの未知の心の構成要素から構成されていることを想定している。このような，何らかの心の構成要素を想定した分析には因子分析が適している。特に，尺度構成など，理論的，経験的に因子数が決められる場合には因子分析が適している。因子分析では，因子に関与しない要素を独自性として排除して解釈できる。

それに対して，このような前提なしに，収集したデータが何を示しているのか解釈したいときには主成分分析が適している。データに誤差や個人差を想定しない，あるいはそれすらも含んだデータにより，解釈や集約を行いたいときにはこちらが適している。データの集約に純粋に特化した使用法といえる。たとえば，多変数のデータからある病気のリスクを予測しようとしていたとする。このとき，予測のために用いたい変数の数が膨大であったり，これらの変数間に強い相関が認められる場合，主成分分析を用いて変数を集約し，主成分得点を後の分析に用いるという方法が用いられる。この場合，予測のために用いる変数は，お互いに相関のない独立した変数である方が原因の特定が効率的である。また，集約された変数の内容を分析者が認識することができるという利点もある。他にも，評価項目の数よりもケース（評価者）数が少ないためなど因子分析が適用できないときに主成分分析が用いられることもある。

因子分析と主成分分析の使い分けについては，その特性をよく知って使い分ける必要がある。しかし，どちらでなければいけないという決まりがはっきり付けられない場合もある。実は，研究分野によっても違いがあり，心理学では因子分析，理工系の分野では主成分分析が使われる傾向がある。また，因子分析では，共通性の推定や回転など，数学的に曖昧な点が多く，これを嫌う研究者がいることも確かである。これまで述べてきたような理屈抜きに，単純構造が得られればどんな方法でもよいという発想もできなくはない。これらの分析は探索的な要素が多く，そもそも分析以前にどのような実験や調査をするのかによっても結論は大きく異なるだろう。因子分析や主成分分析は，使用する側がどのような発想をもち解釈し，次の研究につなげていくのかということが重

要な分析方法なのである。

> **コラム：探索的分析と確認的分析**
>
> 　因子分析を用いた論文を読んでいると確認的因子分析や探索的因子分析という表現に出会うことがある。本書でこれまで説明してきた因子分析では，すべての変数の相関関係からその変数に隠れている潜在的変数（因子）を探し出そうとすることを考えてきた。このように，変数間の関係に何の前提（仮説）もなく，すべての変数の相関関係をもとに因子を抽出する因子分析の方法を探索的因子分析とよんでいる。この方法は，どのような因子が抽出されるのかほとんど未知で，事前に変数間の関係が定義できない場合に用いられる。逆に，明らかにある変数が特定の因子に参加しないことを前提にできれば，より効率的な分析ができる。これは，たとえば，理系因子に国語のテスト得点が関係しないというような場合にあたる。このように，事前に，因子数やどの因子にどの変数が関わるのかの設定をして分析する方法を確認的因子分析とよんでいる。この方法は，理論的な根拠（仮説）がある場合やモデルそのものを検討したりする場合に用いる。
>
> 　この探索的，確認的分析という用語は，因子分析に限らず，モデルを作成するための発想を得るために，とにかく分析にかけてみるという視点とモデルの検証のための分析をするという視点を区別して使われている。特に，最近よく用いられる共分散構造分析は，後者の確認的分析という視点に立った分析である。この分析では，モデルの検証のために，変数の連鎖的な関係や潜在的な変数の設定をかなり自由に行うことができる。因子分析と重回帰分析を同時に行うことさえできる分析法である。

4 重回帰分析

4.1 重回帰分析とは

重回帰分析は，これまで解説してきた分析とはだいぶ発想の異なる分析である。これまでの分析は，変数の類似性に注目して変数をまとめるということを行っていた。しかし，重回帰分析では，まとめるというよりは，ある特定の変数に影響する変数を探し出そうとする分析である。つまり，原因を見つけ出そうとする積極的な分析といえる。また，重回帰分析の大きな特徴は，分析の結果から予測が可能になるという点である。私たちは，普通，ある事象や現象がなぜ起こるのかという原因を知りたい。原因を知り，予測ができれば社会生活に有効なことは多いだろう。たとえば，天気がなぜ変わるのかという原因を知りたい。この探求の結果，気温や気圧などから，より精度の高い天気の予測ができるようになる。このように，重回帰分析は，原因と結果の因果関係を考えるための分析といえる。重回帰分析では，結果を表す変数と原因となる結果を説明するための変数が想定される。前者は，**従属変数**とか**目的変数**，基準変数と呼ばれ，後者は，**独立変数**とか**説明変数**，予測変数とよばれている。重回帰分析で想定されているのは，従属変数が1つで，独立変数が複数ある場合である。

4.2 算出の発想と手順

重回帰分析では，従属変数をいくつかの独立変数の合計として表そうとする（図Ⅰ-11）。このとき，独立変数の影響を調節するために，それぞれの独立変数に重み（係数）をかけ合わせている。また，独立変数と重みの積の合計が0

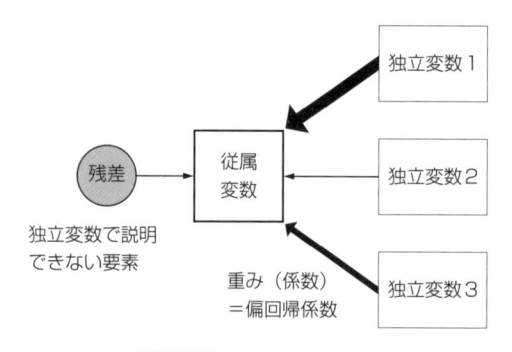

図I-11　重回帰分析の発想
（図中では定数を省略してある。）

のときに従属変数が0になるとは限らないので，この調節のための値を定数として加える。つまり，重回帰分析では，独立変数によって，従属変数をもっとも効率よく説明するように重みと定数を調節すればよいことになる。この重みと定数を求めることができれば独立変数から従属変数を予測することができるようになる。また，それぞれの独立変数の従属変数への影響力も評価できる。しかし，実際には，いつも従属変数を独立変数によって説明（予測）できるわけではない。この説明（予測）できない要素は**残差**とよばれている。実際の重回帰分析では，この残差がもっとも少なくなるように重みと定数を調節する。

　ところが，この計算は，思うほど単純ではない。なぜなら，独立変数が複数あるうえに，これらが影響し合っている可能性があるからである。もし，他の独立変数の影響があったとすれば，その独立変数の従属変数に対する影響力が適切に評価されなくなってしまう。たとえば，寿命への知能と体脂肪率の影響を調べようとしているとしよう。寿命と体脂肪率に負の相関があることは何となく予測できる。体脂肪率が高い人ほど寿命は短くなる傾向があるだろう。それでは，体脂肪率と知能の関係はどうであろうか。もし，知能の高い人は健康の知識も高く健康を気遣っていたとすれば，寿命との相関のみではなく，体脂肪率とも相関があると考えられる。つまり，寿命と体脂肪率の関係を考えるには，知能と体脂肪率，知能と寿命，の相関を除いて考える必要がでてくる（図I-12）。これは，寿命への知能の影響を考える場合も同様であり，すべての変数間の関係を考える必要がでてくる。このように，ある独立変数と従属変数

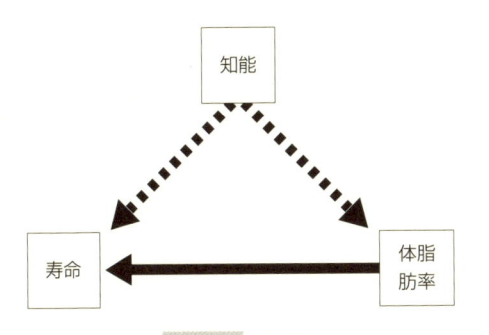

図Ⅰ-12　偏相関

体脂肪率が寿命に与える影響を考えるとき，それ以外の変数（知能）の影響も考えなければならない。

の相関を考えるときに他の変数からの影響を除いた相関のことを**偏相関**とよんでいる。重回帰分析においてもこの考え方が用いられている。重回帰分析の計算においては，**最小2乗法**という方法が用いられる。実際の従属変数の値と予測値の差がもっとも小さくなるように重みと定数を決定する。この計算には，従属変数と独立変数の共分散，独立変数同士の分散・共分散が用いられる（図Ⅰ-13）。

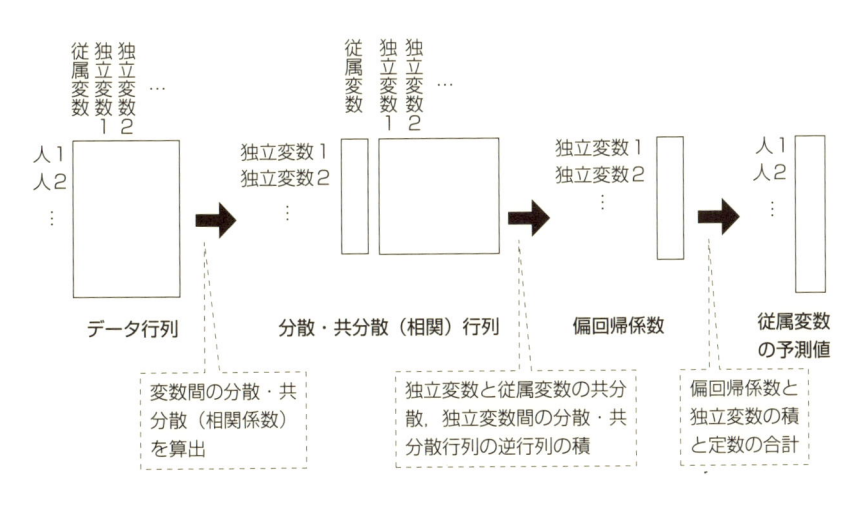

図Ⅰ-13　重回帰分析の計算手順

4.3　結果の解釈と記述

コンピュータによる重回帰分析の結果には，**偏回帰係数**，**標準偏回帰係数**（β），t 値とその有意性，**重相関係数**（R）とその有意性，**重決定係数**（R^2）などが出力される（実践編，図Ⅱ-14 等を参照）。論文やレポートには，表Ⅰ-6 のような表を記載する。

偏回帰係数は，重みのことである。標準偏回帰係数は，標準化（平均が 0，標準偏差が 1 に変換）されたデータを用いて計算したときの重みである。この意味するところは，変数ごとの重みの大きさを比較できる点にある。標準化されていない偏回帰係数は，変数ごとに値の最小値と最大値，分散が異なり，これらが重みに含まれてしまう。これは，従属変数の予測値を算出するという意味ではよいのだが，どの独立変数が従属変数に影響しているのかを読み取るには不向きである。それに対して，標準偏回帰係数は，すべての変数が標準化された値を用いるので，これにより算出された重みは，その大きさを比較できる。この値は，絶対値が大きいほど，従属変数に影響を与えていることを示している。また，正の値のときは，独立変数が大きいほど従属変数も大きくなる関係にあり，負の値のときには，独立変数が大きいほど従属変数は小さくなる関係にあることを示している。ただし，この値は相関係数とは異なり，必ずしも，-1 から 1 の範囲に収まらないこともある。t 値とその有意性は，独立変数ごとに標準偏回帰係数が 0 でないかを t 検定した結果である。ここで有意性が認められたということは，その独立変数は従属変数と相関があり，予測に役立

表Ⅰ-6　重回帰分析の結果

独立変数	β	t
評価項目1	.29	6.31**
評価項目2	.24	5.36**
評価項目3	-.01	-.34
評価項目4	.02	.57
R^2	.22**	

**$p<.01$

っているといえる。

　重相関係数は，従属変数と算出された重みを用いて求めた従属変数の予測値との相関係数で，重決定係数はその2乗の値のことである。重決定係数は，従属変数の予測の精度を表しており，重決定係数0.7は，予測に用いた独立変数から従属変数の70%を説明・予測できることを示している。また，ここに記載される有意性は，重決定係数が0であるかについて，予測式で説明される分散と説明できない分散（残差）を用いた分散分析の結果により表している。この有意性は，結局，分析により得られた独立変数による従属変数の予測式が役に立つかどうかを検定していることになる。統計ソフトによっては，この出力結果は，分散分析表として出力されることもある（実践編，表Ⅱ-14を参照）。

4.4　統計ソフトの設定

　コンピュータによる重回帰分析では，分析に用いる従属変数と独立変数の設定，独立変数の投入方法についての設定を行う。投入とは，分析に用いる独立変数の分析への用い方のことで，一般には，**全投入法（強制投入法）**か**ステップワイズ法**が用いられる。全投入法は，設定された独立変数のすべてを用いて分析する。ステップワイズ法は，設定された独立変数を分析に用いたり用いなかったりしながら従属変数の予測にあまり役に立たない独立変数を除き取ろうとする方法である。重回帰分析では，一般に独立変数が予測に役立たないとしても，その数が多くなるほど単純に重決定係数が高くなる傾向にある。つまり，重回帰分析では，いたずらに独立変数をたくさん投入するだけでは意味はなく，適切な独立変数の選択が必要になる。分析の前に何らかの根拠があり独立変数が設定される場合には，すべての変数の偏回帰係数と予測式を検討したいので全投入法がよいであろう。逆に，予測モデルや影響の大きい変数の探索など，独立変数を少なくしながら重決定係数の高い，効果的な予測式を得たい場合にはステップワイズ法が適切となる。

　他にも，重回帰分析の出力の設定には，相関係数や多重共線性の診断（後述）などの項目がある。これらは，偏回帰係数の値の意味や分析の適切性の判断に用いられる。

4.5 多重共線性の問題

重回帰分析では，**多重共線性**とよばれる問題が生じることがある。多重共線性とは，独立変数間に高い相関があるために，正確な予測式が得られないことをいう。この意味から，独立変数間に高い相関が認められる場合，相関が高い変数の組み合わせがないように変数を取捨選択しなければならない。その1つの方法として，ステップワイズ法による投入を考えてもよい。しかし，ステップワイズ法を用いると，必ずしも研究者にとって合理的なモデルが作成されるとは限らない。そのような場合には，自ら多重共線性を判断して変数の選択をする必要がある。

一般に，多重共線性がある場合，特定の独立変数を除いて分析したときに極端な偏回帰係数の変化が見られる。また，従属変数とそれぞれの独立変数の(単)相関係数の符号と偏回帰係数の符号が一致しない場合や重決定係数が高いのにt値が全体に低い場合も多重共線性が疑われる。ただし，多重共線性の疑われる変数は，その証拠の認められる変数と同じとは限らないので，慎重に検討する必要がある。また，多重共線性が疑われたとしても，理論的な根拠から該当する変数を取り除きにくいという場合がある。このような場合には，測定精度の低いと思われる変数や予測という側面から測定に問題のある変数を取り除いていく。この他にも，事前に主成分分析を行い，独立変数を統合して，主成分得点により重回帰分析を行うという方法が選択されることもある。主成分得点を用いれば，主成分間に相関はないので多重共線性の問題を避けることができる。しかし，変数の設定にそもそも問題がある場合には，モデルの再検討や調査・実験計画の練り直しをする必要がある。

4.6 適用上の問題

実際のデータに重回帰分析を適用しようとすると，いくつかの問題に突き当たることがある。その1つに，質的変数を独立変数に入れたいという場合である。重回帰分析で用いる変数は，基本的にすべて量的変数でなければならない。しかし，現実には，性別のような質的変数を分析に入れ込みたいという場

面に出くわすことがある。このような場合には，擬似的に質的変数を量的変数のように扱うことがある。たとえば，性別の男性と女性をそれぞれ０と１に置き換えて量的変数として扱う。このような変数を**ダミー変数**とよぶ。ダミー変数は，２値にしなければならない。そこで，カテゴリが３つ以上の場合には，変数をカテゴリ数より１つ少なくなるようにダミー変数を作る必要がある。たとえば，好きな教科を国語・算数・英語から選択させたような場合，好きを１，そうでないを０として，３教科の内の２教科となる国語と算数のダミー変数を作成する。ただし，分析結果を解釈する際は，ダミー変数の値の大小と偏回帰係数の値の大小の関係に気を付けて読みとらねばならない。国語と算数の偏回帰係数が負の値のときには投入されていない英語と従属変数の関係が正になっている可能性がある。

　もう１つの問題は，分析結果の表現の問題である。重回帰分析を行う場合，因果関係を探る分析の性質上，一度の分析で終了することはあまりない。通常，従属変数や投入する独立変数を入れ替えたりして何度か分析を試み結果の比較をする。この場合，結果の表現の仕方が問題になる。よく用いられる方法の１つに，変数を増加・減少させた結果を併記する方法がある。この方法は，個々の変数の有効・無効性を強調するために用いられる。また，**パス図**を使った表現もよく用いられる。この方法は，分析した独立変数から従属変数へ矢印で線を結び，標準偏回帰係数（**パス係数**とよぶ）と重決定係数を記載する。このように変数の説明関係を図的に表現し，因果関係や想定したモデルの適切性を強調する。この一連の分析は**パス解析**とよばれている。実は，本書においてこれまで分析の発想を説明するために用いてきた図は，この考えに基づいて作成してあった。共分散構造分析でもこのような図を用いて分析し，結果の表示をする。

コラム：モデル論の危険性

　私たちは，原因と結果の関係を明らかにするために，モデルを想定して，実際との適合度を考える。この適合度を調べる道具が多変量解析ということになる。しかし，多変量解析そのものもモデルにすぎない。つまり，統計的な分析は，研究者の

設定した相関関係を，特定の統計的発想の枠組みで検証した結果にすぎないということになる。たとえば，これまで取り上げてきた分析では，相関関係をもとに分析している。しかし，変数間の曲線的な関係は想定されていない。また，分散分析で想定されているような変数の組み合わせ効果（交互作用）も想定されない。つまり，これらの要素が真のモデルに必要な条件だとすれば，単にこれまで紹介した多変量解析の手法を当てはめるだけでは検証することができない。別の言い方をすれば，これが多変量解析の限界あるいは制約といえる。分析の限界を把握しながら，これらの制約の中で，どれだけ有用なモデル構成をするのかが多変量解析を用いる際の重要なポイントとなる。

第Ⅱ部　実践編

5　QDA法による実験

5.1　QDA法とは

　人がもの（サンプル）と接したとき，そのものがもっている多様な属性を意識し評価がなされる。どのような属性を意識しているのかを明らかにするための方法が，**記述的試験法**である。一般には，5人以上の専門家（そのサンプルをよく知っている人）に，そのサンプルを表現するにはどのような言葉が適切かを表現してもらう。得られた言葉の中で似たもの同士を集めてカテゴリ化し，使用頻度を考慮して整理していき，評価語を決定する。

　記述的試験法で得られた評価語を用いて，サンプルを評価することになる。この場合，各属性に対応する評価語について，どの程度そのことを感じるかを，評定尺度で数量化してもらう。とても感じるを「5」，感じないを「1」とすると，5件法の評定尺度法である。多くの評価者の結果を集めて，平均値とその95%信頼区間で結果を表現する。これは，官能プロファイルとよばれている。いわゆる，プロフィール分析である。さらに，複数のサンプル間の違いや評価者の違いを明らかにするために，多変量解析（主に主成分分析）が用いられる。

　これら一連の方法が，**定量的記述的試験（QDA：quantitative descriptive analysis）法**である（JIS Z9080）。

　評価語は，適切な表現語であれば，名詞であれ形容詞であれ品詞は問わない。そのサンプルがどのようなものかを，他者に伝えるのに適切な用語であればよい。

5.2 SD法との関係

　SD法（semantic differential method）は，オズグッド（C. E. Osgood）が言語の意味の心理学的研究のために開発した方法である。その後，商品・企業・人物・絵画などの広範囲の対象に対して適用されるようになった。

　通常は，30前後の形容詞対（各々は意味尺度とよばれている）ごとに，その対象（コンセプトとよばれている）が評定される。たとえば，コンセプトとして「太陽」という言葉が使われ，形容詞対として「悲しい—楽しい」や「暗い—明るい」などが使われる。どの程度明るいか暗いかが，たとえば5段階であれば，「とても」や「かなり」などの程度の副詞に従って評定される。

　SD法は，「意味微分法」と訳されている。この意味は情緒的意味であり，これを表す一群の形容詞から測定される。「太陽」には，太陽系の中心をなす天体というような辞書的な意味がある。これは，知識として，すべての人に共通する意味である。また，太陽という言葉から海辺を思い浮かべたり，青空を思い浮かべたり，人それぞれで連想する内容は異なるであろう。さらに，太陽という言葉から，華やかさや強さなどを感じることがある。これが，情緒的意味である。

　また，ある対象に対して抱いている情緒的意味は全体としてまとまりをもっており，これを分析するためには，複数の視点を設定してまとまりを細分化して測定せざるをえない。全体を全体のまとまりのままで分析することはできないからである。この分析の仕方を微分とよんでおり，複数の各視点は意味尺度の各まとまりを表している。このまとまりの全体は，**意味空間**とよばれており，多次元空間を構成している。そして，ある対象は，この空間の中の1点として表現される。

　しかし，まとまりのある全体を細分化して測定しただけでは全体を表すことができず，何らかのまとめ上げをしなければならない。このまとめ上げをするために，意味尺度間でのプロフィール分析がなされたり，因子分析が使われている。因子分析の結果から，オズグッドは，評価性（evaluation：E）・力量性（potency：P）・活動性（activity：A）の3次元空間構造として，その対象の意味をまとめることができると考えた。

SD法では，言葉の情緒的意味を考えているので，意味尺度は形容詞か形容動詞が使われている。また，3次元の意味空間を前提としているので，結果がこの空間に合致しているかどうかということから，（確認的）因子分析が使われている。QDA法では，サンプルとしての対象のことを他者に伝えるために適切な表現語ということから，形容詞に限らず名詞なども使われている。また，事前に次元数を設定していないので，データの表現という視点から，主成分分析が使われている。もちろん，3次元になったとしても，SD法のようなEPAの次元名に拘束される必要はない。

5.3 QDA法の実験方法

サンプルを決める　5人程度のグループを構成し，使用するサンプルを決める。日常生活で身の回りにあるものを考える。なお，同種の異なったサンプルが選定できるものを5つ選ぶ。たとえば，携帯電話ならば，機種やメーカーが異なるものを5台準備する。また，そのサンプルとの接し方を決めておく。見ただけでの評価なのか，ある程度の操作をしてもらっての評価なのかということである。

記述的試験法　グループ内で，各メンバーがそのサンプルと接して感じたことを言葉で表現する。自らメモしながら進めていく。全員が終わったら，言葉を集めて，似たもの同士をまとめてカテゴリ化する。まとまりを表現する適切な言葉が見つからないときは，その中で一番数の多い言葉を，カテゴリの代表とする。カテゴリが10前後になるようにまとめる。なお，実際には，多くの評価語が設定される場合がある。

QDA法　10前後の評価語（8.1で述べる個別評価に対応）に加えて，総合評価に対応する言葉，たとえば使いやすさや好みなどを，選定する。

評価語数の2倍以上の評価者から，結果を得るようにする。評価方法は，片側尺度による5段階評定法である。感じない（1）・少し感じる（2）・感じる（3）・かなり感じる（4）・とても感じる（5）の5段階である。なお，各評価語の反対語が明確な場合には，「暗い―明るい」のように両側尺度で評定を行う。

これらの段階数を評価者に提示して，サンプルと接してもらい，各評価語を

順次提示して，対応する数字を言ってもらう．これらの数字とパネルの名前とをメモしておく．1つのサンプルで必要人数分の結果が得られたら，次のサンプルの実験に移る．各サンプルで同様の実験を繰り返していく．

5.4 実験実施

大学生12名を評価者として実験を実施した．

まず，5名のメンバーで，どの製品について実験をするかを決定した．使用する製品はオレンジジュースである．実際に使用したサンプルは，以下の5つの製品である．カッコ内は，果汁の含有量である．

A. みかん（10%）
B. オレンジ（27%）
C. オレンジ（50%）
D. オレンジ（100%）
E. みかん（100%）

次に，5名それぞれが各サンプルを試飲しながら，適切と思われる表現語を産出し，これらを集めて議論し，その中から評価語を10個決めた．

1. 甘さ　　　　6. オレンジ風味
2. すっぱさ　　7. 飲みやすさ
3. 苦味　　　　8. 後味の悪さ
4. まろやかさ　9. フレッシュさ
5. 濃さ　　　　10. 高級感

そして，最後に総合評価語として11番目の評価語「おいしさ」を決めた．

これらの評価語を用いて12人の評価者に製品を飲んでもらい，5段階（1. 感じない 2. 少し感じる 3. 感じる 4. かなり感じる 5. とても感じる）で評価してもらった．また，製品と製品の間に水を飲んで次の評価に影響が及ばないよう

評定得点

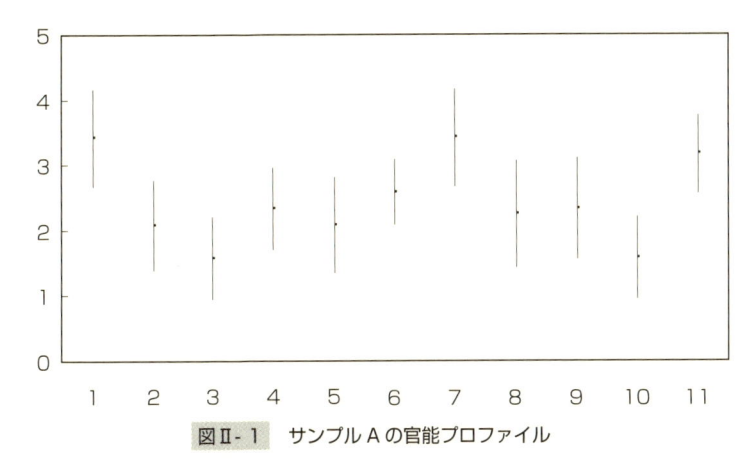

図Ⅱ-1　サンプルAの官能プロファイル

にした。

　これらのデータは、表Ⅱ-1, 2, 3, 4, 5である。

　なお，官能プロファイルは、図Ⅱ-1のように、サンプルAの平均値とその95%信頼区間とを図示し、評価語間の関係から、このサンプルの特徴を考察する。「高級感」が低いが、「甘み」が強く、「苦味」が少ない、また飲みやすいということが考えられる。

5.5　明らかにしたいこと

　複数のサンプルで複数の評価者によって得られた結果は、サンプル・評価者・評価語からなる3次元のデータ行列となる（図Ⅱ-2）。このような実験を行ったのは、これらジュースの濃さで評価つまりその感じ方が異なるのかどうかを、第一に知りたかったからである。さらに、総合評価としておいしさを設定したということは、おいしさはどのような個別評価の側面によって決まっているのかを、明らかにしようとしている。もちろん、それぞれの果汁の含有量によってその側面が異なっているかもしれないと考えられる。

　今回は、5つのサンプルですべて同じ評価者が配置されている。通常は、それぞれのサンプルで異なった評価者で実験を行う。同じ評価者の場合には、前

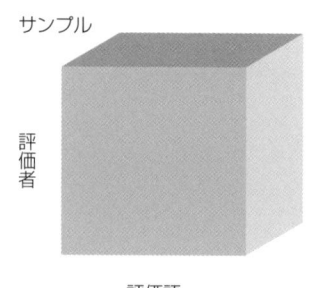

図II-2 3次元データ行列

のサンプルの影響が次のサンプルの評価に影響を及ぼさないような配慮が必要である。同じ評価者であることによって，サンプルと評価者との関係を踏まえた評価者間の関係を分析することが可能になる。

評価者の違い，サンプルの違い，評価語の違い，そしてこれらの組み合わせの問題，というように多様な視点から分析が可能である。

5.6 3次元データの2次元化

今回の結果のように，サンプル・評価者・評価語からなる3次元のデータ行列を，そのままで一度に分析することは難しい。多変量解析で使用するデータ行列は，2次元が基本である。そこで，3次元のデータ行列を2次元化する必要がある。

まず，評価者の平均値を使って，サンプルと評価語との2次元データ行列からサンプル間の関係あるいは評価語間の関係が分析される。評価者の平均を計算するということは，他の統計分析でもよく使われている。評価者の違いつまり個人差を，平均することでなくそうとしている。つまり，個人差を誤差と考えている。平均すると0になるものを誤差として一般的には定義している。このことによって，真値が得られることになる。

また，5つのサンプルの平均値を使って，評価語と評価者の2次元データ行列から，評価語間の関係や評価者間の関係が分析される。これは，オレンジジュースというものについて，人はどのような受け止め方をしているかを明らか

にすることになる。

　さらに，個別評価語の10語についての平均値を求めて，サンプルと評価者の2次元データ行列から，サンプル間の関係や評価者間の関係が分析される。このことによって，複数のサンプルの直接比較が可能になる。

　もちろん，各サンプルでの，評価語と評価者との2次元データ行列から，それぞれの評価語間の関係や評価者間の関係が分析される。これは，サンプル間に大きな違いがあり，それぞれの受け止め方に特徴があるということが前提となっている。10%と100%のジュースでは，評価の視点が大きく異なり，ジュースそのものの意味合いが異なっているということである。

　なお，今回のように5つのサンプルがある場合，これらを縦につなげて，横が11の評価語で縦が60（12×5）の縦長データ行列を構成して，分析を行う場合がある。これは，前述のこととは異なり，サンプル間に基本的な違いがない，つまりオレンジジュースというものについての評価であり，質的な違いがなく量的にしか異なっていないということを前提としている。この場合には，オレンジジュースというものに対する評価語間の関係と，その関係の中での5つのサンプルの関係が分析される。

　今後，表II-1, 2, 3, 4, 5を使って，クラスター分析と主成分分析と重回帰分析を実施しながら，結果の見方と解釈の仕方，そして応用的な使い方について述べていく。

表Ⅱ-1　サンプルAの結果

評価者	評価語										
	甘さ	すっぱさ	苦味	まろやかさ	濃さ	オレンジ風味	飲みやすさ	後味の悪さ	フレッシュさ	高級感	おいしさ
a	5	4	1	2	4	4	4	1	5	4	3
b	2	3	4	2	1	2	2	5	1	1	2
c	3	1	1	2	2	3	2	2	2	1	2
d	4	2	2	4	3	3	5	2	2	2	4
e	4	3	1	1	1	2	4	2	1	1	3
f	4	1	1	2	1	1	3	3	1	1	4
g	2	3	3	3	2	3	2	4	3	2	3
h	4	1	1	4	3	3	4	1	3	3	4
i	4	1	1	1	2	2	5	1	4	1	5
j	5	3	1	2	4	3	2	3	2	1	2
k	2	2	2	2	1	2	4	2	2	1	3
l	2	1	1	3	1	3	4	1	2	1	3

表Ⅱ-2　サンプルBの結果

評価者	評価語										
	甘さ	すっぱさ	苦味	まろやかさ	濃さ	オレンジ風味	飲みやすさ	後味の悪さ	フレッシュさ	高級感	おいしさ
a	3	4	4	2	4	5	3	2	4	3	3
b	3	3	3	3	2	2	4	2	2	2	3
c	3	3	2	3	3	2	2	2	2	2	2
d	2	2	3	2	2	3	4	3	2	2	2
e	4	4	2	1	2	2	3	3	2	1	2
f	2	1	2	1	2	1	4	2	2	1	3
g	2	3	3	2	2	3	3	3	3	1	2
h	3	2	1	4	1	2	5	1	3	3	3
i	2	2	3	2	3	3	2	3	2	1	2
j	5	1	1	3	3	2	2	4	1	1	3
k	2	4	2	2	4	3	2	3	3	3	3
l	3	4	3	2	3	3	2	3	2	2	3

表Ⅱ-3 サンプルCの結果

評価者	評価語									
	甘さ	すっぱさ	苦味	まろやかさ	濃さ	オレンジ風味	飲みやすさ	後味の悪さ	フレッシュさ	高級感	おいしさ
a	5	2	1	3	4	5	5	1	5	3	5
b	5	1	1	3	3	3	5	2	2	3	4
c	3	2	2	4	3	2	3	3	2	2	2
d	5	1	1	2	2	3	3	3	2	1	2
e	4	3	3	2	3	2	3	3	2	2	2
f	5	1	1	3	3	2	3	2	1	3	3
g	3	2	2	4	3	4	4	3	3	2	3
h	5	1	1	3	4	3	4	2	3	3	4
i	2	2	2	3	2	4	3	1	2	2	3
j	5	3	2	3	3	3	3	3	3	3	3
k	4	2	1	5	4	4	3	4	2	4	3
l	2	2	3	3	4	3	3	3	3	3	2

表Ⅱ-4 サンプルDの結果

評価者	評価語									
	甘さ	すっぱさ	苦味	まろやかさ	濃さ	オレンジ風味	飲みやすさ	後味の悪さ	フレッシュさ	高級感	おいしさ
a	2	4	5	1	5	5	2	3	4	2	2
b	2	4	3	3	4	4	3	4	2	2	3
c	2	3	3	4	3	3	3	2	2	3	3
d	2	4	4	2	3	3	2	4	3	4	3
e	3	4	3	3	4	3	3	2	3	3	3
f	2	3	2	2	4	2	3	3	2	1	4
g	2	4	4	3	4	4	3	4	4	3	3
h	1	4	4	4	5	4	3	5	3	3	3
i	3	3	1	2	4	5	3	1	2	4	4
j	2	5	2	2	5	4	4	2	4	3	3
k	2	4	2	2	2	4	4	3	4	2	2
l	3	3	2	2	4	3	2	2	3	3	3

表Ⅱ-5　サンプルEの結果

評価者	評価語									
	甘さ	すっぱさ	苦味	まろやかさ	濃さ	オレンジ風味	飲みやすさ	後味の悪さ	フレッシュさ	高級感	おいしさ
a	1	5	5	2	5	5	1	3	5	3	1
b	2	5	4	2	5	5	2	4	3	2	2
c	3	5	3	5	5	4	2	3	2	4	4
d	2	4	4	3	4	3	2	4	4	4	2
e	1	3	2	5	4	4	4	2	4	4	4
f	3	4	2	3	4	4	3	3	4	4	4
g	3	4	5	4	5	5	4	4	4	4	4
h	1	4	4	4	4	4	3	3	3	4	3
i	1	1	5	2	5	1	1	5	1	1	1
j	2	4	3	1	5	1	1	5	1	1	1
k	2	4	4	4	5	4	2	2	4	5	2
l	1	3	4	3	4	4	1	3	4	4	2

6 クラスター分析

6.1 距離と相関

　多変量解析のほとんどの手法では，相関係数が基本となっている。相関の値が高ければ，2つの間に強い関係が存在している。マイナスの高い値では，相反する関係ではあるが，その関係はやはり強いことになる。関係が強いということは，互いに似ているということでもある。たとえば性格について考えてみよう。明るい人は活動的であろうと，容易に想像できる。これら2つの性格の側面の相関は，大きなプラスの相関を示すことになる。明るい人と活動的な人とがいたとすると，当然2人には似ているところがあると感じる。つまり，性格上の類似度が高いということである。類似度を距離的印象で表現すれば，2人は近接しているといえる。このように，相関は類似度と対応し，距離感とは逆の関係になる。

　この距離感については，直接的な表現から求めることができる。先の5種類のジュースについて，可能な対を構成し，2つのジュースを飲み比べてみて，

表Ⅱ-6　ジュースの非類似度結果

	A	B	C	D	E
A	0	1	2	3	4
B		0	1	2	3
C			0	1	2
D				0	1
E					0

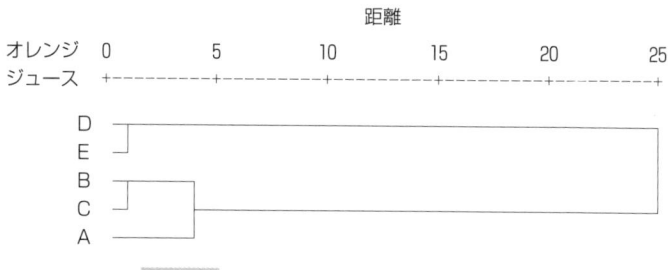

```
                          距離
   オレンジ  0      5      10      15      20      25
   ジュース  +------+------+------+------+------+
          D ┐
          E ┤                                    │
          B ┐│                                   │
          C ┤├──────────────────────────────────┤
          A ─┘
```

図Ⅱ-3　非類似度行列によるデンドログラム

どの程度似ているか，つまりどの程度の心理的距離を感じるか（非類似度）を5段階で評価してもらった（表Ⅱ-6）。まったく似ていなければ，つまり違いを明確に意識できれば「4」を，同じジュースであれば，当然同じものなので距離は感じず，違わないということで非類似度の評価値は「0」となる。

　表Ⅱ-6の結果から，各対間での平方ユークリッド距離を求め，ウォード法で，クラスター分析を行った。SPSSでは，《分析》・《分類》・《階層クラスター》で変数を指定し，《変数》をチェックし，《方法》で上記の指定をし，《作図》でデンドログラムをチェックして，分析を実施した。このデンドログラムは，図Ⅱ-3である。27%のBと50%のCは距離が短く，同様に100%のDとEも短かった。次に，B・Cと10%のAが短かった。このように最大3グループに，また最小で2グループ（最終的には1グループに必ずなるが）に分けることができ，結果として，これら5種のジュースは，100%のものとこれ以外のものとの2種類に分類することができた。このように，どの距離レベルで区分けするかということは，任意で決めることになる。事前のグループ化に対するモデルをもっていると，より効果的な結論を導き出せることになる。

6.2　評価語の関係性

　ジュースの実験では，おいしさを含めた11個の評価語で評価を行った。おいしさ以外の10個の評価語を個別評価の側面として，これらの組み合わせの結果によっておいしさという総合評価がもたらされると考えている。この個別評価の中にも相互の関係性のあることが推測される。まろやかであれば飲みや

6 クラスター分析

```
                              距離
評価語    0      5      10     15     20     25
          +------+------+------+------+------+
濃さ        ┐
オレンジ風味 ┤
フレッシュさ┘
高級感      ┐
まろやかさ  ┘
苦味        ┐
後味の悪さ  ┤
すっぱさ    ┘
甘さ        ┐
飲みやすさ  ┘
```

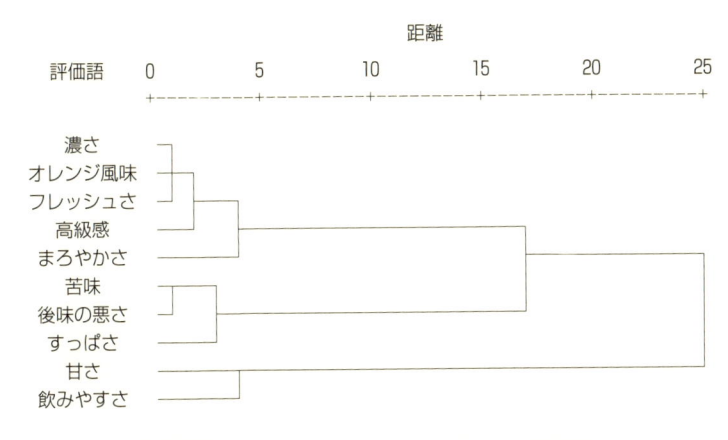

図Ⅱ-4 評価語に関するジュースAのデンドログラム

すさを感じるであろうし，すっぱさとフレッシュさは連動している可能性があろう。このような，評価語間の関係性をクラスター分析を使って分析する。

10％のAの結果（表Ⅱ-1）を使って，平方ユークリッド距離によるウォード法で分析を行った。このデンドログラムは，図Ⅱ-4である。全体として，甘さ・飲みやすさとこれら以外の2つのグループを構成していることがわかる。この8語のグループは，すっぱさ・苦味・後味の悪さと，まろやかさ・濃さ・オレンジ風味・フレッシュさ・高級感とに分かれていた。前者は負の評価側面を表しており，後者は正の評価側面を表している。濃さに関しては，この一群の評価語の関係から，適度な濃さを意味しているものと考えられる。10％という濃さが，必ずしも飲みやすさに直接関係しているわけではなく，まろやかなオレンジ風味がもたらすフレッシュさに関係していた点は興味深い。

このような結果から，次に100％ではどのような関係になっているかという興味がでてくる。Eの結果（表Ⅱ-5）で同様の分析を行った。このデンドログラムは，図Ⅱ-5である。10％のAとは異なり，甘さ・飲みやすさはまろやかさ・オレンジ風味・フレッシュさ・高級感と同じグループを構成していた。また，濃さは，すっぱさ・苦味・後味の悪さと同じグループを構成していた。100％の濃さが，後味の悪さなどと直接関係しており，高級感やオレンジ風味には寄与していないことがわかる。前者は，高級感やフレッシュさに代表され

```
                              距離
  評価語     0         5        10        15        20        25
             +---------+---------+---------+---------+---------+
  まろやかさ ─┬─┐
  高級感     ─┘ ├─┐
  オレンジ風味 ──┘ │
  フレッシュさ ────┤                              ┌──────────────┐
  甘さ       ─┬──┐│                              │              │
  飲みやすさ ─┘  ├┘                              │              │
  苦味       ─┬─┐│                                              │
  後味の悪さ ─┘ ├┘
  すっぱさ   ─┬─┘
  濃さ       ─┘
```

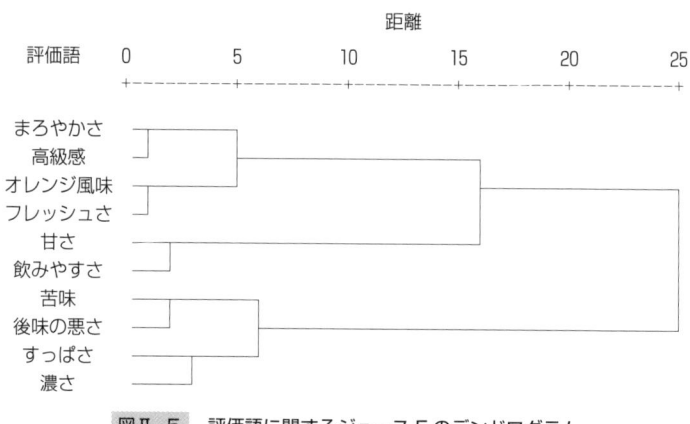

図Ⅱ-5　評価語に関するジュースEのデンドログラム

る質の高さを表しており，後者は，濃厚さがもたらしている負の側面を表している。このように，100％であることが必ずしもオレンジ風味を感じさせるとは限らないという結果から，今後の製品開発の手がかりを得ることができる。

6.3 評価者の関係

　評価語10語の全体像から，似た評価をしている人をまとめ上げることができる。

　10％のAの結果（表Ⅱ-1）を使って，平方ユークリッド距離によるウォード法で分析を行った。なお，変数を指定した後で《ケース》をチェックした。このデンドログラムは，図Ⅱ-6である。大きく3つのグループに分けることができる。c・e・f・i・k・lとb・gとa・d・h・jとである。一方，100％のEの結果（表Ⅱ-5）で同様の分析を行った。このデンドログラムは，図Ⅱ-7である。大きく2つのグループに分けることができる。i・jと他の10名である。i・jの2名は，Eに対してかなり特異な受け止め方をしていると考えられる。

　各グループに入っている評価者たちは，似たような評価つまりジュースに対して同じような受け止め方をしているということである。評価者に対する現時点での情報だけでは特定できないが，グループ内の評価者に何らかの共通性が

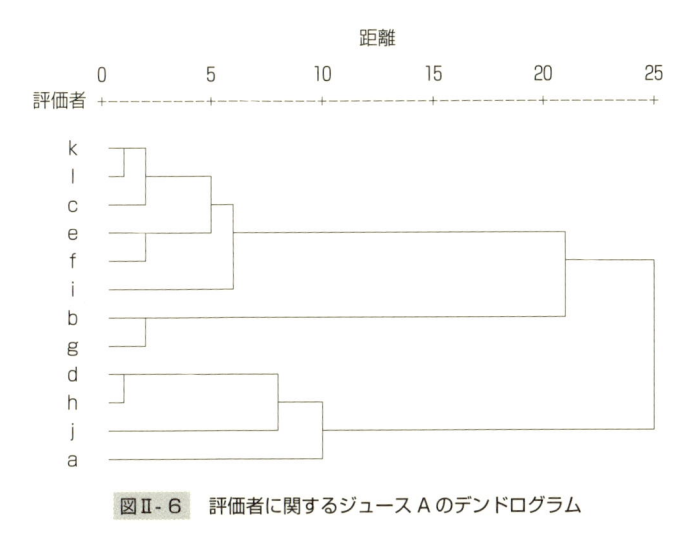

図Ⅱ-6　評価者に関するジュースAのデンドログラム

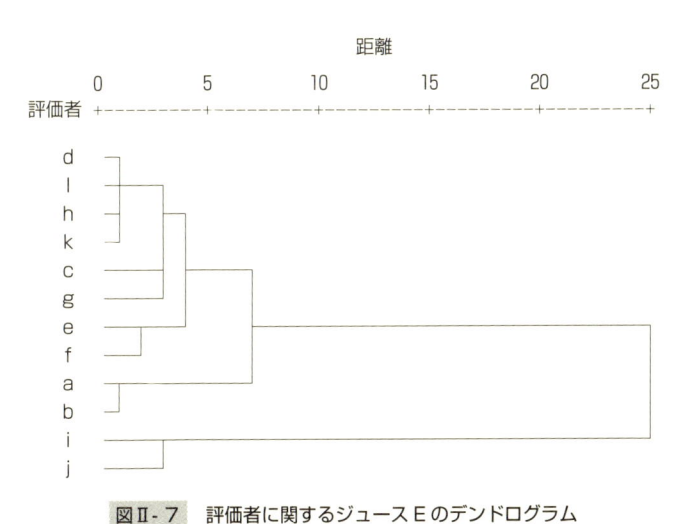

図Ⅱ-7　評価者に関するジュースEのデンドログラム

あれば，このことがその受け止め方を規定しているのではないかと推論することができる。たとえば，性差やジュースの好みなどであり，この特性はフェイス項目とよばれている。評価者のクラスター分析結果に対するこのような考え方は，いわゆるフェイス項目の「落とし込み」とよばれている。

6.4 サンプルの組み合わせ分析

図Ⅱ-6と図Ⅱ-7とを見比べてみると，d・hとe・fとk・lとが，2つのジュースで常に初期の段階から同じグループに入っていることがわかる。10％と100％という濃度の違いに影響されずに，似たような評価をともに行っているということになる。これら2人の間には，何らかの共通性があるものと考えられる。

10％と100％という濃度の違いの影響について，表Ⅱ-1とⅡ-5の結果を合わせて同時にクラスター分析を行った（図Ⅱ-8）。当然のことながら，10％のA（aからlの評価者）と100％のE（aaからllの評価者）に大きく2つのグ

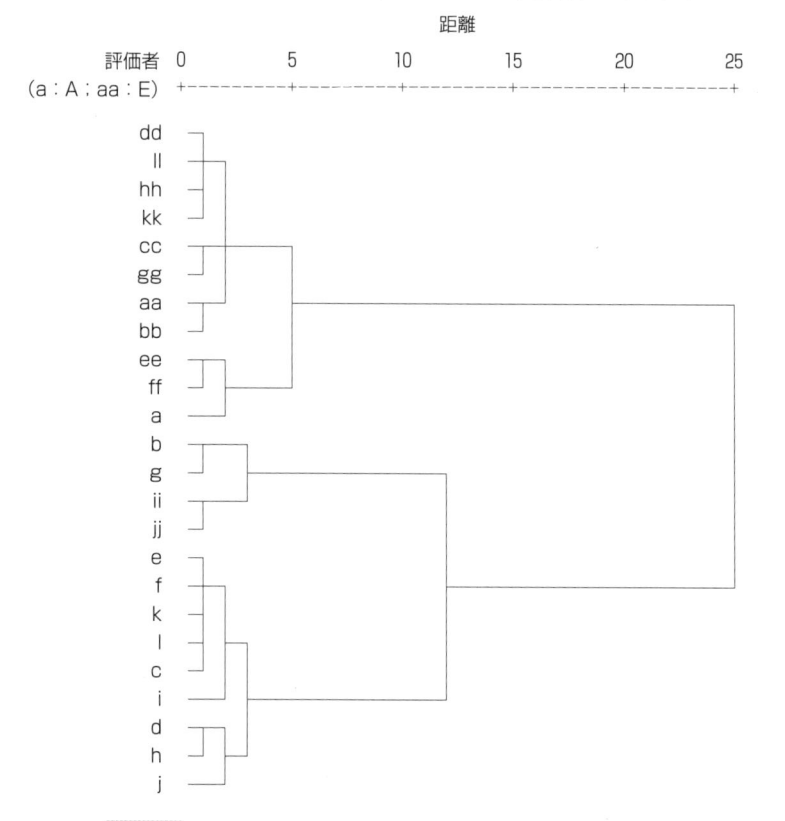

図Ⅱ-8 ジュースA・Eを合わせた評価者に関するデンドログラム

ループに分かれた。やはり，濃度の違いは評価を大きく変えているといえる。ところが，細かく見てみると，Aでの評価者aは100%のEのグループに属し，Eでのiiとjjは10%のAのグループに属していた。評価者aは，10%の薄さであっても100%と同様のオレンジジュースらしさを感じており，iとjは100%の濃さであってもその濃さがあまり意識されていないといえる。このように，濃度の影響を受けやすい人と受けにくい人が存在することがわかった。

> **課 題**
>
> 1　上記6.4では，評価者についてクラスター分析を行いましたが，同様のデータで評価語について分析を行ってみましょう。どのようなデータ行列を準備すればよいかを考えてください。
> 2　濃度の違いによって，評価語の関係性がどのように異なっているかを考察しましょう。

7 主成分分析

7.1 人・もの・こと

　一般に主成分分析が適用される事態では，複数のサンプルで複数の評価者によって得られた，評価者・サンプル・評価語からなる3次元のデータ行列となる（図Ⅱ-2）。このような人・もの・ことで構成されるデータ行列を，このままの3次元データとして分析することはできない。このため，3次元データの2次元化が行われる。この2次元化には，5.6で述べたように基本的には5種類の方法がある（図Ⅱ-9）。

　アの方法は，評価者の平均値を求めサンプルと評価語との2次元データを構成するものである。イの方法は，サンプルの平均値を求め評価者と評価語の2次元データを構成するものである。ウの方法は，複数の評価語の平均値を求め評価者とサンプルの2次元データを構成するものである。エの方法は，各サンプルでの評価語と評価者との2次元データで，それぞれ分析するものである。つまり，サンプル分の主成分分析がなされる。オの方法は，複数のサンプルを縦につなげて，横を評価語で縦が（評価者×サンプル）の縦長データ行列を構成するものである。

　応用的な使い方として，オの方法が多様な分析の可能性を持っている。以下では，エの方法を例として，主成分分析を説明し，その後オの多様な可能性について述べる。

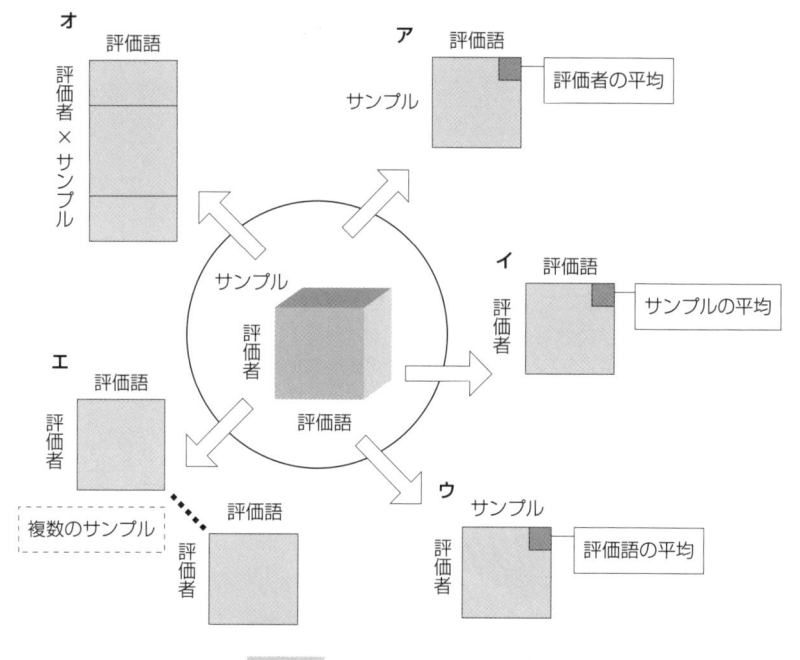

図Ⅱ-9　3次元データの2次元化

7.2 主成分負荷行列

　50％の濃さのサンプルC（表Ⅱ-3）のデータで，主成分分析を行った。StatWorksでは，データ入力後，《手法》・《多変量解析》・《主成分分析》で，変数を指定し，相関行列から計算を実施し，《メニュー》の基本表示から，因子負荷量や主成分得点を表示する。なお，因子負荷量は，主成分負荷量の意味である。

　得られた主成分負荷行列は，表Ⅱ-7である。固有値1.0以上で第Ⅳ主成分まで抽出できた。全体のデータ行列は10個の評価語で構成されているが，主成分分析の結果，このデータ行列を4つの側面で表現すると約84％を説明できるという結果であった。この累積寄与率が，50％を超えていることが，この主成分分析結果の有効性を保証する最低条件となる。甘さから高級感までの10の評価語について，4つの主成分のどの側面に関係しているかを，この負荷量

表Ⅱ-7　ジュースCの主成分負荷行列

評価語	Ⅰ	Ⅱ	Ⅲ	Ⅳ
甘さ	0.452	-0.505	-0.328	**0.549**
すっぱさ	-0.332	**0.661**	0.396	0.295
苦味	**-0.654**	0.512	0.441	0.195
まろやかさ	0.266	**0.611**	-0.460	-0.513
濃さ	*0.592*	*0.594*	-0.215	0.331
オレンジ風味	**0.665**	0.232	0.409	-0.418
飲みやすさ	**0.814**	-0.209	0.250	0.050
後味の悪さ	-0.414	0.472	**-0.525**	0.144
フレッシュさ	**0.638**	0.307	0.598	0.196
高級感	**0.572**	0.496	-0.451	0.158
固有値	3.174	2.341	1.783	1.061
寄与率（％）	31.741	23.407	17.827	10.607
累積（％）	31.741	55.147	72.974	83.581

は表している。各評価語を横にたどっていき，4つの負荷量の中での絶対値の最大値に印を付けていく。これが表Ⅱ-7の太字である。なお，「濃さ」では，第Ⅰ主成分が0.592で第Ⅱ主成分が0.594で差がわずかであるので，斜字で表してある。

第Ⅰ主成分で印の付いた評価語は，苦味・オレンジ風味・飲みやすさ・フレッシュさ・高級感となっている。これらの総体として表現しているジュースの側面は，「オレンジジュースらしさ」と解釈（表現）できる。また，第Ⅱ主成分で印の付いた評価語は，すっぱさ・まろやかさとなっている。これらの総体として表現しているジュースの側面は，「すっきり感」と解釈（表現）できる。なお，第Ⅲと第Ⅳに関しては，印の付いた評価語が1つのみであり，この側面を解釈することは難しい。第Ⅳ主成分を単に「甘さ」とだけ表現することは危険である。

次に，27％の濃さのサンプルB（表Ⅱ-2）のデータで，主成分分析を行った。得られた主成分負荷行列は，表Ⅱ-8である。固有値1.0以上で第Ⅲ主成分まで抽出でき，累積寄与率は約78％であった。甘さから高級感までの10の

表Ⅱ-8　ジュースBの主成分負荷行列

評価語	I	II	III
甘さ	-0.379	-0.287	**0.659**
すっぱさ	**0.749**	-0.085	0.148
苦味	**0.746**	-0.098	-0.444
まろやかさ	-0.206	0.485	**0.700**
濃さ	**0.648**	-0.550	0.321
オレンジ風味	**0.892**	-0.091	0.094
飲みやすさ	-0.262	**0.840**	-0.296
後味の悪さ	-0.083	**-0.900**	0.004
フレッシュさ	**0.774**	0.494	-0.031
高級感	*0.570*	*0.574*	0.472
固有値	3.519	2.737	1.566
寄与率（%）	35.192	27.369	15.663
累積（%）	35.192	62.561	78.224

　評価語について，各評価語を横にたどっていき，3つの負荷量の中での絶対値の最大値に印を付けていく。これが表Ⅱ-8の太字である。今回は，「高級感」で，第Ⅰ主成分が0.570で第Ⅱ主成分が0.574となっているので，それらを斜字で表してある。

　第Ⅰ主成分で印の付いた評価語は，すっぱさ・苦味・濃さ・オレンジ風味・フレッシュさとなっている。これらの総体として表現しているジュースの側面は，ほぼ先のジュースCの結果と同様であり，「オレンジジュースらしさ」と解釈できる。また，第Ⅱ主成分で印の付いた評価語は，飲みやすさ・後味の悪さとなっている。これらの総体として表現しているオレンジジュースの側面は，先のCの結果とは異なり，「飲み心地」と解釈できる。なお，第Ⅲに関しては，印の付いた評価語が1つのみであり，この側面を解釈することは難しい。

　このように，オレンジジュースBとCでは，少し主成分構造が異なっていた。しかし，もっとも重みのある主成分Ⅰはあまり異なっていないので，27%と50%は，まったくその感じ方が違うとはいえないであろう。もし，主成分

Ⅰがまったく異なっていれば，前述のイ・オの方法は使用できないということになる．これらの方法では，主成分構造の異なるサンプルを同列に扱うことになってしまうからである．

7.3 主成分得点

　表Ⅱ-3でのデータ行列は，50％の濃さのサンプルCに関するもので，12名の評価者それぞれの結果は，甘さから高級感までの評価語による10個の値で構成されている．主成分分析の結果，このデータ行列を4つの側面で表現すると約84％を説明できるという結果であった．このことは，1人の評価者が，10個の値ではなく，4個の値で表現できるということを意味している．つまり，縦が12名の評価者で，横が4個の主成分で，もとのデータが表現できるということである．もとの10個を4個に縮減できるということである．この値が，主成分得点である．この意味で，主成分分析は，「データの集約」のための手法である．

　この主成分得点行列を，表Ⅱ-3の10語の評価語でのデータ行列と表Ⅱ-7の主成分負荷行列とから求めた．図示の関係から，第Ⅰと第Ⅱ主成分と表Ⅱ-3の「おいしさ」の値とを組み合わせて表Ⅱ-9を作成した．12名分の結果を，主成分Ⅰの主成分得点を横軸に主成分Ⅱを縦軸にして，表したものが図Ⅱ-10である．この図は，一般的には布置図とよばれている．

　主成分Ⅰの解釈は「オレンジジュースらしさ」で主成分Ⅱの解釈は「すっきり感」であった．評価された「おいしさ」の値を，この図中に落とし込んでみると，やはり，主成分Ⅰ上で右方向に向かって，この値が大きくなっていた．このことから，オレンジジュースらしさがおいしさと密接な関係をもっているといえる．さらに，この図から，評価者の特徴を読み取ることができる．下部と上部の「おいしさ2」の2名の評価者は，主成分Ⅱの「すっきり感」の感じ方が異なる対照的な2名である．すっきり感が異なっていてもおいしさを同程度に感じているという，特徴を持っている．

　今回は，布置図に「おいしさ」の評価値を落とし込んだが，いわゆるフェイス項目（性別や飲料の購入金額やオレンジジュースの好みなど）を落とし込む

表Ⅱ-9 ジュースCの主成分得点行列

評価者	Ⅰ	Ⅱ	おいしさ
a	2.176	0.074	5
b	0.867	-1.056	4
c	-0.917	0.362	2
d	-0.734	-1.811	2
e	-1.410	0.232	2
f	-0.200	-1.070	3
g	0.053	0.593	3
h	1.007	-0.459	4
i	-0.660	-0.359	3
j	-0.275	0.589	3
k	0.583	1.537	3
l	-0.489	1.367	2

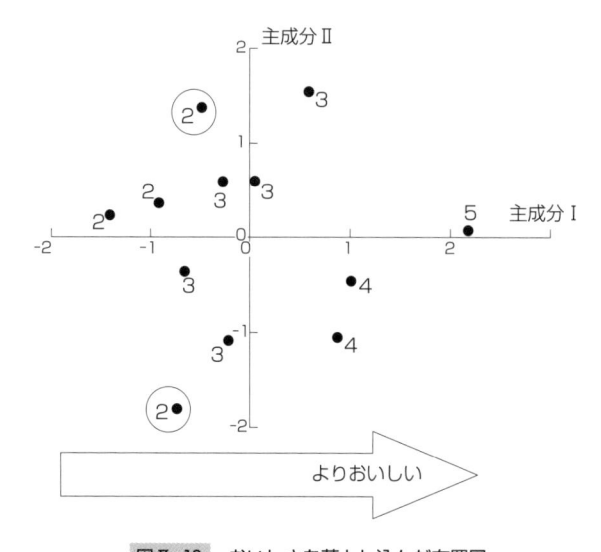

図Ⅱ-10 おいしさを落とし込んだ布置図

ことがよくある。男女の評価の違いなどを，このような布置図から読み解くことができる。

7.4 組み合わせ分析

複数のサンプルを縦につなげて横が評価語で縦が（評価者×サンプル）の縦長データ行列によるオの方法を，実施してみる。クラスター分析で使用した10％のAと100％のE（表Ⅱ-1と表Ⅱ-5）の結果を合わせて，縦長行列を構成し，主成分分析を行った。もちろん前述したように，2つの主成分構造が大きく異ならないことが前提である。

主成分負荷行列は，表Ⅱ-10である。固有値1.0以上で第Ⅱ主成分まで抽出できた。データ行列全体を2つの側面で表現すると約71％を説明できるという結果であった。各評価語を横にたどっていき，2つの負荷量の中での絶対値の最大値に印を付けていく。これが表Ⅱ-10の太字である。第Ⅰ主成分で印の付いた評価語は，甘さ・すっぱさ・苦味・まろやかさ・濃さ・オレンジ風味・

表Ⅱ-10 ジュースAとEの組み合わせ分析

評価語	Ⅰ	Ⅱ
甘さ	**-0.527**	0.469
すっぱさ	**0.794**	-0.040
苦味	**0.765**	-0.510
まろやかさ	**0.517**	0.445
濃さ	**0.819**	-0.068
オレンジ風味	**0.761**	0.48
飲みやすさ	-0.415	**0.749**
後味の悪さ	0.344	**-0.844**
フレッシュさ	**0.617**	0.572
高級感	**0.810**	0.467
固有値	4.338	2.733
寄与率（％）	43.384	27.325
累積（％）	43.384	70.709

表Ⅱ-11 組み合わせ分析の主成分得点行列

評価語	Ⅰ	Ⅱ
a	0.083	1.749
b	-0.484	-1.634
c	-1.009	-0.091
d	-0.623	0.913
e	-1.461	0.019
f	-1.630	-0.418
g	0.046	-0.567
h	-0.624	1.358
i	-1.413	0.952
j	-0.632	-0.118
k	-1.076	-0.068
l	-1.144	0.590
aa	1.545	-0.403
bb	0.976	-0.612
cc	1.010	0.235
dd	0.905	-0.339
ee	0.706	1.108
ff	0.508	0.850
gg	1.289	0.497
hh	1.000	0.100
ii	-0.116	-2.289
jj	-0.154	-2.074
kk	1.275	0.528
ll	1.023	-0.287

フレッシュさ・高級感となっている。これらの総体として表現しているジュースの側面は，「味わい」と解釈できる。また，第Ⅱ主成分で印の付いた評価語は，飲みやすさ・後味の悪さとなっている。これらの総体として表現しているジュースの側面は，「飲み心地」と解釈できる。

さらに，計24名分の主成分得点は，表Ⅱ-11である。これらを布置した結

果は，図Ⅱ-11である．図中には，ジュースAの評価者（aからl）とEの評価者（aaからll）を付記してある．左上には10％のAが，右下には100％のEが，ほぼまとまって布置されている．つまり，10％のAと100％のEは，飲み心地のよさと味わいとの関係で対照的であるといえる．

クラスター分析での結果と同様に，当然のことながら，10％のAと100％のEに大きく2つのグループに分かれた．クラスター分析では，単に濃度の違いでしか，この結果を説明できなかった．しかし，主成分分析では，味わいと飲み心地という2つの側面から，この結果を説明することができる．ところが，細かく見てみると，Aでのaとbとg，Eでのiiとjjが，他の評価者とは異質であることがわかる．これらは，主成分Ⅱ上で分布していることから，

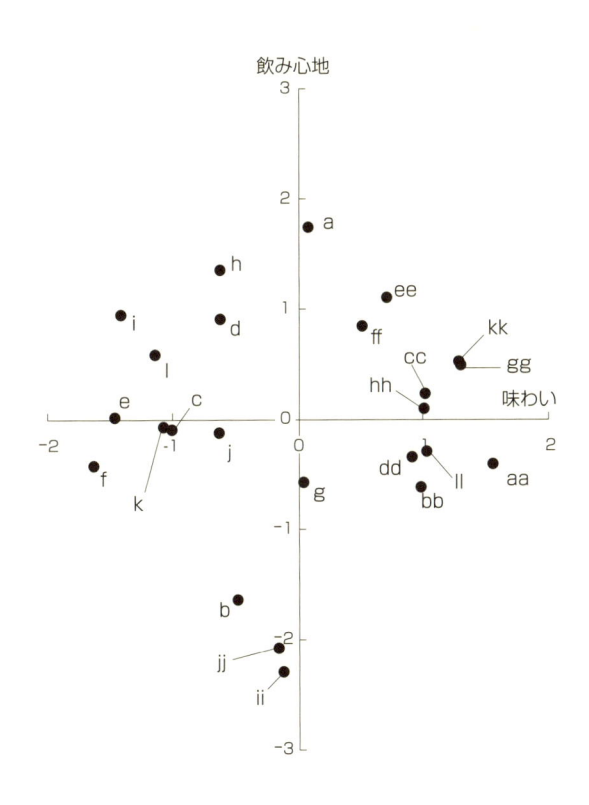

図Ⅱ-11 組み合わせ分析の布置図

10%と100%での飲み心地の受け止め方が，他の評価者と異なっているといえる。クラスター分析では，濃度の影響を受けやすい人と受けにくい人という説明を行ったが，このことは飲み心地の問題であったことが，主成分分析で明らかとなった。

組み合わせ分析では，2つのサンプルを縦につなげてデータ行列を構成した。もちろん，5つのサンプルを縦につなげて，同様の分析を行い，各サンプルごとで主成分ⅠとⅡでの平均値を求めて布置図を構成することができる。この図から，サンプル間の関係が明らかになる。今回の場合は，果汁の濃度が異なっているので，濃度が上がるにつれて，どのような側面に重みをおいて評価しているのかを明らかにできる。また，縦につなげるデータが，時間的に変化しているものであれば，時系列変化がどのような側面で変化しているのかを知ることができる。もちろん，この組み合わせ分析は，主成分構造が大きく異ならないということがあくまでも前提となっている点は，注意を要する。時系列上で，質的な変化を起こしている場合には，当然この組み合わせ分析は使用できない。

7.5　因子分析

因子分析は，主成分分析と混同されて説明される場合がある。計算の手順として，共通する部分が多いためでもある。しかし，分析の考え方は，両者で大きく異なっている。主成分分析は先に述べたように「データの集約」のための手法であり，因子分析は「モデルの確認・検証」のための手法といえる。

QDA法で述べたSD法では，因子分析が使われる。これは，EPAという意味空間に関する3次元構造というモデルが存在し，得られた結果がこのモデルに合致しているかどうかを検証するためである。QDA法には，このようなモデルが存在せず，得られたデータを適切に表現するために主成分分析が使われる。SD法での因子分析の使い方は，いわゆる「確認的因子分析」とよばれている。

前節の組み合わせ分析で，ジュースが味わいと飲み心地の2次元で約71％の累積寄与率を持っていたので，ジュースの評価構造は，これら2次元である

表Ⅱ-12　ジュースCでの因子負荷行列

回転前評価語	因子Ⅰ	因子Ⅱ	共通性
甘さ	*0.406*	*-0.412*	0.335
すっぱさ	-0.314	0.594	0.452
苦味	*-0.650*	*0.528*	0.701
まろやかさ	0.229	0.444	0.250
濃さ	*0.579*	*0.592*	0.686
オレンジ風味	0.567	0.197	0.361
飲みやすさ	0.776	-0.171	0.631
後味の悪さ	*-0.339*	*0.342*	0.232
フレッシュさ	*0.551*	*0.302*	0.394
高級感	*0.521*	*0.428*	0.455
二乗和	2.688	1.808	
寄与率	0.269	0.181	

というモデルをもったとする。主成分分析との対比から，Cのサンプルを使って，2次元での確認的因子分析，つまり次元数を指定した因子分析を行った。StatWorksでは，データ入力後，《手法》・《多変量解析》・《調査分析》で，変数を指定し，相関行列から計算を実施し，《メニュー》の基本表示から，因子負荷量や因子得点を表示する。

　主因子法での回転前の結果は，表Ⅱ-12である（主成分分析での表Ⅱ-7を参照）。斜字体で表してある因子負荷量の，甘さ・苦味・後味の悪さ・フレッシュさ・高級感は，2つの因子のどちらにも大きな負荷をもっていた。このことは，両方の因子をともに同程度に規定しているということである。そこで，バリマックス回転を実施した。回転後の結果は，表Ⅱ-13である。第1因子では，甘さ・すっぱさ・苦味・後味の悪さが第2因子よりも大きな負荷量を示している。第2因子では，まろやかさ・濃さ・オレンジ風味・フレッシュさ・高級感が第1因子よりも大きな負荷量を示している。なお，飲みやすさも第1因子に大きな負荷量を示しているが，第2因子の負荷量も比較的大きな値となっている。表Ⅱ-10とは若干異なっているが，今回の結果から，第1因子は「飲み心地」と第2因子は「味わい」と解釈できそうである。つまり，事前にモデ

表Ⅱ-13　ジュースCでの因子負荷行列（バリマックス回転）

バリマックス回転評価語	因子1	因子2	共通性
甘さ	**-0.578**	0.025	0.335
すっぱさ	**0.651**	0.165	0.452
苦味	**0.828**	-0.129	0.701
まろやかさ	0.176	**0.468**	0.250
濃さ	0.050	**0.827**	0.686
オレンジ風味	-0.234	**0.553**	0.361
飲みやすさ	**-0.647**	*0.461*	0.631
後味の悪さ	**0.481**	-0.022	0.232
フレッシュさ	-0.146	**0.611**	0.394
高級感	-0.032	**0.674**	0.455
二乗和	2.204	2.292	
寄与率	0.220	0.229	

ルとして想定していた2次元を確認できたということである。

　一方，探索的因子分析では，データの背後つまり評価者の心の中に，各ジュースの評価に際して共通の土台が存在していると仮定していることが前提となる。ジュースでは，「おいしさ度」が共通の土台と考えられる。いろいろな側面から評価者はおいしさを感じている。飲みやすさであったり，味わいであったりということである。これらの評価側面を支える土台には，おいしさの感じ方がある。これが共通性の過程である。この土台としての共通性の構造を明らかにしようという目的を，探索的因子分析はもっている。

　つまり，おいしさ度の上に，味わいと飲み心地の基準が立っており，これらの2つの基準でジュースが評価されるということが，ジュースの評価モデルである。これらの2つの基準を考えることが妥当かどうかが，確認的因子分析で明らかにされる。したがって，2次元という次元数の事前指定が必要となる。一方，土台の存在までは仮定できるが，この上に何本の基準が立っているかは定かではないときに，探索的因子分析が行われる。したがって，試行錯誤的に，2次元や3次元の指定を繰り返し，もっともデータに合致している結果が

得られたときに，その次元数によって，土台上の基準が確定したことになる。

> **課 題**
>
> 1 上記7.4で述べた組み合わせ分析を，5つのサンプル（ABCDE）すべてを縦につなげて，縦60×横10語で，主成分分析を行ってみましょう。主成分負荷行列から，主成分1と主成分2を解釈してみましょう。
> 2 主成分得点を求めます。主成分1と2それぞれで，各サンプルの平均値を計算します。主成分1のA分の12名の平均，Bの平均というように求め，主成分2も同様に求めます。結果として，縦5×横2の主成分の平均値行列が求まります。
> 3 主成分1と2とで，これら5点の平均値の布置図を作図しましょう。
> 4 この布置図より，果汁の濃度の違いを2つの主成分の解釈結果から考察しましょう。

8　重回帰分析

8.1　原因を探る

　おいしさは，ジュースのどのような評価と関係しているのであろうか。もう一歩踏み込んで表現すると，どのような評価によっておいしさが規定されているのかということになる。ものの評価を考える場合，通常，図Ⅱ-12のような評価の階層性を前提としている。オレンジジュースのどのような個別評価が，おいしさという総合評価をもたらしているのか，つまりその原因として個別評価を考えることができる。

　このような下から上への規定を明らかにするために，重回帰分析が使われる。1つの変数としてのおいしさが，複数の変数としての個別評価によって規定されている。このような意味で，おいしさは従属変数（目的変数），個別評

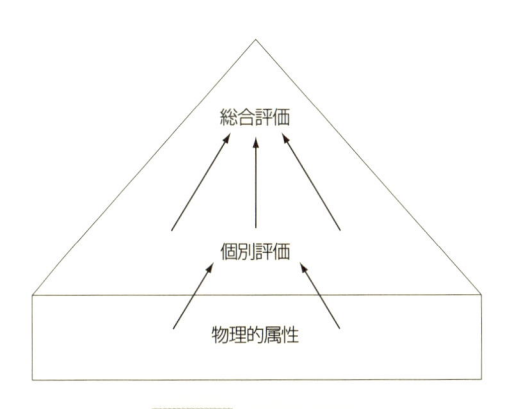

図Ⅱ-12　評価の階層性

価は独立変数（説明変数）と，よばれている。もしも，特定の個別評価がおいしさを強く規定していれば，つまりその原因となっていれば，個別評価に直接関係する物理的属性を操作することで，よりおいしいジュースを開発することができるようになる。

この規定度が偏回帰係数であり，原因としての有効性を表している。おいしさと各個別評価との間には，複雑な関係が存在する。おいしさとある個別評価との関係は，他の個別評価の影響を受けて存在している。おいしさと甘さとは，もちろん関係がある。しかし，この関係には，すっぱさが影響していることは，日常生活での経験から容易に想像できる。このような他の個別評価の影響を除いて，本来のおいしさと甘さとの関係を求める必要がある。これが，偏回帰係数の意味である。

8.2　全投入法とステップワイズ法

事前に説明変数が決まっている場合，全投入法がとられる。ジュースCの結果（表Ⅱ-3）を使って，従属変数をおいしさに，説明変数を10語の評価語とし，12名の評価者で重回帰分析を実施する。

エクセルの《分析ツール》の《回帰分析》を使用する。エクセルの《ツール》に《分析ツール》が入っていない場合は，《ツール》・《アドイン》で《分析ツール》に「✓」を入れて「OK」をクリックする。《回帰分析》で，「入力Y範囲」にはおいしさの12個の値を，「入力X範囲」には甘さから高級感までの120個の値を，それぞれ指定する。有意水準に「✓」を入れ，「一覧の出力」は適当に指定して，「OK」をクリックする。

表Ⅱ-14がこの結果である。分散比は，回帰と残差の変動の比で，エクセルでは「観測された分散比」となっている。「有意F」はこの分散比の有意確率を表している。表Ⅱ-14の場合は，24.9％で5％以上なので有意ではないということになる。「係数」は偏回帰係数のことで，「t」はこの係数が0.0とどの程度異なるかを表す統計量で，「P-値」がその有意確率である。なお，下限と上限は，各偏回帰係数の95％信頼区間を表している。説明率としての重相関の2乗の重決定係数は高いが，分散分析結果は有意ではなく，この重回帰式が

8 重回帰分析

表Ⅱ-14 10語での全投入法の結果

回帰統計	
重相関 R	0.995
重決定 R^2	0.989
補正 R^2	0.884
標準誤差	0.324
観測数	12

分散分析表

	自由度	変動	分散	分散比	有意 F
回帰	10	9.895	0.989	9.403	0.249
残差	1	0.105	0.105		
合計	11	10.000			

	係数	標準誤差	t	P-値	下限 95%	上限 95%
切片	-2.242	3.893	-0.576	0.667	-51.713	47.228
甘さ	0.553	0.590	0.938	0.550	-6.939	8.045
すっぱさ	-0.179	0.627	-0.286	0.823	-8.143	7.785
苦味	0.514	1.151	0.447	0.732	-14.110	15.139
まろやかさ	0.465	0.548	0.849	0.552	-6.495	7.425
濃さ	0.087	0.460	0.190	0.881	-5.754	5.929
オレンジ風味	0.373	0.402	0.926	0.524	-4.740	5.485
飲みやすさ	0.266	0.309	0.862	0.547	-3.659	4.192
後味の悪さ	-0.626	0.304	-2.058	0.288	-4.489	3.238
フレッシュさ	-0.050	0.338	-0.149	0.906	-4.339	4.239
高級感	0.127	0.376	0.339	0.792	-4.654	4.909

データを必ずしも説明していないといえる。さらに，偏回帰係数の t 検定結果はすべて有意ではない。全体として，この重回帰分析結果は，意味のあるものではないといえる。

　このオレンジジュースCで主成分分析を行っている（表Ⅱ-7）。主成分Ⅱまでで55％強の説明率であったので，2つの主成分を特徴付けている評価語で，

表Ⅱ-15　主成分結果による7語での全投入法の結果

回帰統計	
重相関 R	0.956
重決定 R^2	0.914
補正 R^2	0.764
標準誤差	0.464
観測数	12

分散分析表

	自由度	変動	分散	分散比	有意 F
回帰	7	9.140	1.306	6.076	0.050
残差	4	0.860	0.215		
合計	11	10.000			

	係数	標準誤差	t	P-値	下限95%	上限95%
切片	0.225	1.211	0.185	0.862	-3.138	3.588
すっぱさ	0.220	0.329	0.668	0.541	-0.693	1.132
苦味	-0.494	0.304	-1.625	0.180	-1.338	0.350
まろやかさ	-0.220	0.221	-0.993	0.377	-0.834	0.394
オレンジ風味	0.187	0.245	0.763	0.488	-0.493	0.867
飲みやすさ	0.627	0.270	2.322	0.081	-0.123	1.377
フレッシュさ	0.050	0.255	0.195	0.855	-0.658	0.758
高級感	0.379	0.223	1.700	0.164	-0.240	0.999

重回帰分析を行ってみる。主成分Ⅰは苦味・オレンジ風味・飲みやすさ・フレッシュさ・高級感で，主成分Ⅱはすっぱさ・まろやかさであったので，これら7語で実施した。結果は表Ⅱ-15である。重決定係数が高く分散分析が有意であり，飲みやすさがおいしさを決めているといえそうである。主成分Ⅰ・Ⅱでの布置図（図Ⅱ-10）から，主成分Ⅰがおいしさと強く関係していたので，主成分Ⅰの5語で重回帰分析を行ってみた。結果は表Ⅱ-16である。主成分Ⅱを加えた7語での分析よりもよりよい結果を示しており，飲みやすさがおいしさを明らかに規定していた。

表Ⅱ-16　主成分Ⅰの5語での全投入法の結果

回帰統計	
重相関 R	0.941
重決定 R^2	0.886
補正 R^2	0.790
標準誤差	0.437
観測数	12

分散分析表

	自由度	変動	分散	分散比	有意 F
回帰	5	8.855	1.771	9.282	0.009
残差	6	1.145	0.191		
合計	11	10.000			

	係数	標準誤差	t	P-値	下限95%	上限95%
切片	-0.006	1.085	-0.006	0.996	-2.661	2.649
苦味	-0.367	0.219	-1.681	0.144	-0.902	0.167
オレンジ風味	0.110	0.209	0.526	0.617	-0.401	0.622
飲みやすさ	0.601	0.238	2.522	0.045	0.018	1.183
フレッシュさ	0.162	0.221	0.735	0.49	-0.377	0.702
高級感	0.295	0.174	1.693	0.141	-0.132	0.722

8.3　多重共線性

　前節で，2つの主成分を特徴付けている評価語で，全投入法での重回帰分析を行ってみた。実は，このような説明変数の選定は間違いである。主成分分析はデータの集約を行うための方法である。したがって，ある主成分を特徴付けている，つまり主成分負荷量の大きい評価語は，相互に関係が強い。このことは，相互の相関係数が大きいことを意味しており，主成分の同じ側面を表している評価語であるといえる。相関の強いもの同士が同時に説明変数として入っ

表Ⅱ-17 主成分分析結果を活かした全投入法の結果

回帰統計	
重相関 R	0.900
重決定 R^2	0.810
補正 R^2	0.701
標準誤差	0.521
観測数	12

分散分析表

	自由度	変動	分散	分散比	有意 F
回帰	4	8.098	2.024	7.449	0.012
残差	7	1.902	0.272		
合計	11	10.000			

	係数	標準誤差	t	P-値	下限 95%	上限 95%
切片	0.321	1.299	0.247	0.812	-2.750	3.392
甘さ	0.197	0.147	1.341	0.222	-0.150	0.543
すっぱさ	0.131	0.241	0.543	0.604	-0.439	0.701
飲みやすさ	0.724	0.249	2.904	0.023	0.135	1.313
後味の悪さ	-0.352	0.206	-1.706	0.132	-0.840	0.136

ており，これらを使った重回帰分析の結果は，間違った結論をもたらす可能性が強い。説明変数間に相関の強いもの同士が含まれている事態を，重回帰分析では，多重共線性があるといい，避けるべき事態である。したがって，表Ⅱ-15，16の結果からは，間違った結論がもたらされる可能性が強い。

　主成分分析の結果を受けて重回帰分析を行う場合には，各主成分でもっとも負荷量の高い評価語を説明変数にするということが考えられる。このやり方では，各主成分間の相関が基本的に0であるので，多重共線性をある程度避けることができる。主成分Ⅰでは飲みやすさ，主成分Ⅱではすっぱさ，主成分Ⅲでは後味の悪さ，主成分Ⅳでは甘さを，それぞれ説明変数として重回帰分析を実施することになる（表Ⅱ-17）。やはり，飲みやすさがおいしさの重要な要因であることがわかる。

表Ⅱ-18 主成分得点とおいしさ

評価語	主成分 Ⅰ	主成分 Ⅱ	主成分 Ⅲ	主成分 Ⅳ	おいしさ
a	2.176	0.074	1.506	0.428	5
b	0.867	-1.056	-0.458	0.041	4
c	-0.917	0.362	-0.438	-0.506	2
d	-0.734	-1.811	-0.020	-0.157	2
e	-1.410	0.232	0.655	1.706	2
f	-0.200	-1.070	-1.390	0.159	3
g	0.053	0.593	0.563	-1.103	3
h	1.007	-0.459	-0.466	0.602	4
i	-0.660	-0.359	1.333	-1.932	3
j	-0.275	0.589	0.137	1.271	3
k	0.583	1.537	-1.858	-0.775	3
l	-0.489	1.367	0.435	0.266	2

表Ⅱ-19 4つの主成分得点の相関行列

主成分	Ⅰ	Ⅱ	Ⅲ	Ⅳ
Ⅰ	1			
Ⅱ	-7.30E-7	1		
Ⅲ	2.80E-7	9.65E-7	1	
Ⅳ	2.60E-6	1.66E-6	-6.49E-8	1

しかし，このやり方では，単に主成分分析の結果を参考にして，評価語を特定しただけであり，完全に多重共線性を避けたことにはならない。

そこで，ジュースCでの主成分得点行列とおいしさとの値（表Ⅱ-18）を使って，重回帰分析を実施する。4つの主成分得点間の相互相関を，エクセルの《分析ツール》の《相関》で求めてみると，表Ⅱ-19のように相互相関はほぼ0となった（たとえば，1.05E-02は0.0105を表す）。つまり，これら4つの主成分得点を説明変数にすると，完全に多重共線性をさけることができるということである。重回帰分析の結果は，表Ⅱ-20である。主成分Ⅰがおいしさを強く

表Ⅱ-20　主成分得点による全投入法の結果

回帰統計	
重相関 R	0.954
重決定 R^2	0.909
補正 R^2	0.858
標準誤差	0.360
観測数	12

分散分析表

	自由度	変動	分散	分散比	有意F
回帰	4	9.093	2.273	17.552	0.001
残差	7	0.907	0.130		
合計	11	10.000			

	係数	標準誤差	t	P-値	下限95%	上限95%
切片	3.000	0.104	28.877	0.000	2.754	3.246
Ⅰ	0.889	0.109	8.190	0.000	0.632	1.145
Ⅱ	-0.138	0.109	-1.273	0.244	-0.395	0.118
Ⅲ	0.132	0.109	1.220	0.262	-0.124	0.389
Ⅳ	0.017	0.109	0.159	0.878	-0.239	0.274

規定しているという結果であった。主成分Ⅰは,「オレンジジュースらしさ」であり, オレンジの風味やフレッシュさがおいしさを規定していると考えられる。

　主成分ⅠとⅡとの布置図上においしさの評価値を落とし込んだ図Ⅱ-10の結果は, 重回帰分析と同様の傾向を示している。主成分Ⅰの値が大きくなれば, それだけおいしいということである。つまり, 主成分得点を使った布置図への落とし込みは, 落とし込む値を従属変数とした, 主成分得点を使った重回帰分析と同じ意味をもっているということである。 もしも, この布置図でおいしさの値が右45°の線上に分布して, 右上になればなるだけ大きな値になっていれば, 重回帰分析の結果は, 主成分ⅠとⅡの偏回帰係数が大きく有意な値を示

すことになる。

8.4 偏回帰係数の比較

　濃度100％のジュースがDとEの2種類ある。同じ濃度ではあるが，10語の評価語とおいしさとの関係に違いがあるかどうかを明らかにするために，重回帰分析の結果を直接比較することを考えた。このためには，切片としての定数項を「0」として，結果を標準化したうえで，重回帰分析を行う必要がある。今回の場合，11項目での評価値は，双方のサンプルで1から5までの評価値が同じであるので，実際は標準化しなくても直接比較は可能である。しかし，たとえば，異なった実験状況のもとで，サンプルEのおいしさが5段階の評定尺度ではなく7段階となっていたとする。この場合には，双方の結果を標準化した後でなければ直接比較はできなくなる。

　エクセルの《分析ツール》の《回帰分析》で，「入力Y範囲」にはおいしさの12個の値を，「入力X範囲」には甘さから高級感までの120個の値を，それぞれ指定する。定数に0を使用に「✓」をいれ，有意水準に「✓」を入れ，「一覧の出力」は適当に指定して，「OK」をクリックする。

　ジュースDの結果は表Ⅱ-21であり，Eは表Ⅱ-22である。「#N/A」は，切片を0にしたことにより計算不能となったことを意味している。Dでは苦味以外の偏回帰係数が有意な値を示しており，おいしさを強く規定していた。Eではこれらの10語の評価語では必ずしもおいしさを説明することはできないという結果であった。偏回帰係数は，甘さに関してほとんど異ならなかったが，まろやかさやオレンジ風味はまったく逆の結果を示していた。Dでは，まろやかさやオレンジ風味を感じればおいしくなくなり，Eでは，これらを感じればおいしくなるということである。同じ濃度でも，まろやかさやオレンジ風味の意味合いが異なっているということである。標準化による直接比較によって，各サンプルの特徴と相違点をより明確に知ることができる。

8.5 重回帰分析の応用

どのような説明変数が従属変数を強く規定しているかということを，偏回帰係数から知ることができる。このことは，強く規定している説明変数をどのようにすれば，従属変数をどのように変化させることができるかという，予測可能性を意味している。表Ⅱ-21のサンプルDの結果からは，偏回帰係数の大きな値から考えると，すっぱさをより抑えて，飲みやすさをより向上できれば，今以上においしいオレンジジュースに改良できることが予測される。

ところで，すっぱさを抑えることはジュースの酸味成分を調整すれば可能であろう。飲みやすさを向上するには，どのような物理的属性を調整すれば達成できるであろうか。このことは，図Ⅱ-12の評価の階層性から考えると，今回の10語はすべて同程度のレベルでの個別評価ではないことを示唆している。つまり，同じ個別評価でも，より物理的属性に近い低層のレベルと，総合評価に近い中層のレベルとを考える必要があるということである。したがって，低層のレベルの個別評価とおいしさという上層の総合評価との間での重回帰分析では，必ずしも実態を正確に分析していることにはならない可能性が高い。

そこで，低層と中層，そして中層と上層，という2段階の重回帰分析を行うことで，より実態に即した分析結果を得ることができる。このような分析手法が，2段階最小2乗法（two-stage least squares）である。統計パッケージソフトのSYSTATには，この手法が含まれている。

これら10語の評価語のどの語が低層でどの語が中層かを特定するために，単なる日本語の意味上の区別ではなく，評価結果から明らかにする必要がある。日本語の意味とジュースというサンプルの特徴を踏まえて，評価語の関係をモデル化して，パス解析や潜在構造分析を行うことがある。たとえば，甘さと濃さは相互に関係しており，すっぱさ・苦味・まろやかさ・濃さが飲みやすさに関係している，というようなモデルである。これらの手法は，統計パッケージソフトのSPSSやStatWorksの中に含まれている。ところが，モデルを明確に立てることができない場合が，現実の場面では多くある。計算結果のみから関係図を構成するための手法として，グラフィカル・モデリングがある。これは，統計パッケージソフトのStatWorksの中に含まれている。

表Ⅱ-21 ジュースDの標準化による全投入法の結果

回帰統計	
重相関 R	1.000
重決定 R^2	1.000
補正 R^2	0.499
標準誤差	0.106
観測数	12

分散分析表

	自由度	変動	分散	分散比	有意F
回帰	10	111.977	11.198	990.566	0.025
残差	2	0.023	0.011		
合計	12	112.000			

	係数	標準誤差	t	P-値	下限95%	上限95%
切片	0.000	#N/A!	#N/A!	#N/A!	#N/A!	#N/A!
甘さ	0.282	0.056	5.062	0.037	0.042	0.522
すっぱさ	-1.103	0.124	-8.894	0.012	-1.637	-0.570
苦味	0.201	0.075	2.683	0.115	-0.121	0.522
まろやかさ	-0.463	0.074	-6.250	0.025	-0.782	-0.144
濃さ	0.674	0.045	14.929	0.004	0.480	0.868
オレンジ風味	-0.371	0.050	-7.38	0.018	-0.588	-0.155
飲みやすさ	1.332	0.127	10.516	0.009	0.787	1.877
後味の悪さ	0.487	0.051	9.549	0.011	0.267	0.706
フレッシュさ	-0.417	0.067	-6.185	0.025	-0.707	-0.127
高級感	0.671	0.060	11.160	0.008	0.412	0.930

重回帰分析に代表されるこれらの手法は，説明変数を原因として，従属変数を結果とする，因果関係を前提とした手法である．つまり，原因から結果を予測するということができるということになる．ただ，原因には多様なものが存在し，得られたデータの中での因果関係にしかすぎない点を念頭においておく必要がある．したがって，データを得る前の説明変数の選定，つまり評価語の

表Ⅱ-22 ジュースEの標準化による全投入法の結果

回帰統計	
重相関 R	0.998
重決定 R^2	0.996
補正 R^2	0.479
標準誤差	0.417
観測数	12

分散分析表

	自由度	変動	分散	分散比	有意 F
回帰	10	91.651	9.165	52.586	0.107
残差	2	0.349	0.174		
合計	12	92.000			

	係数	標準誤差	t	P-値	下限 95%	上限 95%
切片	0.000	#N/A!	#N/A!	#N/A!	#N/A!	#N/A!
甘さ	0.308	0.265	1.165	0.364	-0.831	1.448
すっぱさ	-0.178	0.222	-0.802	0.506	-1.131	0.775
苦味	-0.358	0.239	-1.497	0.273	-1.388	0.672
まろやかさ	0.546	0.329	1.662	0.238	-0.868	1.960
濃さ	-0.203	0.281	-0.722	0.545	-1.411	1.005
オレンジ風味	0.439	0.281	1.560	0.259	-0.771	1.648
飲みやすさ	0.261	0.211	1.238	0.341	-0.647	1.170
後味の悪さ	0.398	0.259	1.537	0.246	-0.716	1.512
フレッシュさ	-0.109	0.309	-0.353	0.758	-1.438	1.220
高級感	-0.013	0.388	-0.032	0.977	-1.683	1.658

選定がその分析の成否を決めることになる。このような意味で，前述の QDA 法が重要となる。

課題

1 前章の主成分分析での課題で得られた主成分得点に，縦60人分の「おいしさ」の値を追加します。
2 全投入法によって，重回帰分析を実施してみましょう。
3 オレンジジュース全体としての「おいしさ」について考察してみましょう。

参考文献

基礎編

足立浩平　2006　多変量データ解析法―心理・教育・社会系のための入門　ナカニシヤ出版
古谷野亘　1988　数学が苦手な人のための多変量解析ガイド―調査データのまとめかた　川島書店
神宮英夫　1999　はじめての心理統計―統計モデルの役割と研究法を考える　川島書店
菅　民郎　2006　らくらく図解　統計分析教室　オーム社
小塩真司　2004　SPSS と Amos による心理・調査データ解析―因子分析・共分散構造分析まで　東京図書
櫻井広幸・神宮英夫　2003　使える統計―Excel で学ぶ実践心理統計　ナカニシヤ出版
涌井良幸・涌井貞美　2005　Excel で学ぶ多変量解析　ナツメ社
柳井晴夫・高木廣文（編著）　1986　多変量解析ハンドブック　現代数学社

応用編

神宮英夫　1996　印象測定の心理学―感性を考える　川島書店
神宮英夫・熊王康宏　2004　第4章　心理評価の方法　社団法人人間生活工学研究センター（編）　ワークショップ人間生活工学　第4巻　快適な生活環境設計　丸善
日本工業標準調査会　2004　官能評価分析―方法（JIS Z 9080）　日本規格協会
Osgood, C. E. 1952 The nature and measurement of meaning. *Psychological Bulletin*, **49**, 197-237.
Osgood, C. E., Succi, G. J., & Tannenbaum, P. H. 1957 *The measurement of meaning*. Urbana: University of Illinois Press.

索　引

あ行

R（→相関係数）　34
R^2（→重相関係数）　34
意味空間　42
因果関係　31
因子　21
因子得点　69
因子パターン　24
因子負荷行列　23
因子負荷量　22
因子分析　13, 42
因子負荷量　69
ウォード法　9, 52
エカマックス法　24
SD法　42
オズグッド（C. E. Osgood）　42
落とし込み　55
オブリミン法　24

か行

カイザー基準　17
階層化クラスター分析　10
回転　23
確認的因子分析　5, 30, 68, 69
確認的分析　5
仮説　30
官能プロファイル　41
記述的試験法　41
QDA法　84, 84
強制投入法　35
共通性　22
　　——の推定　22
共分散　11
共分散構造分析　5
行列　11
距離行列　8
寄与率　17
クオーティマックス法　24
クラスター　8

クラスター分析　7
グラフィカル・モデリング　5, 82
係数　14
ケース　10
交互作用　38
誤差　22
個別評価　45, 73
固有値　16, 60
固有ベクトル　16
コレスポンデンス分析　5
コンジョイント分析　5

さ行

最近接法　9
最小2乗法　23
最尤法　23
残差　32
サンプルクラスター　10
質的変数　5
斜交回転　24
主因子法　22
重回帰分析　31, 73
重決定係数　23, 34
重心法　9
重相関係数（→ R^2）　34
従属変数　4, 31, 73
主成分　13
主成分解　28
主成分得点　16, 20, 60
主成分得点布置図　20
主成分負荷行列　16
主成分負荷量　18, 60
主成分分析　13, 59, 60
順序尺度　9
数量化1類　5
数量化3類　5
数量化2類　5
数量化4類　5
スクリー基準　17

88 索引

スクリープロット　18
ステップワイズ法　35
正準相関分析　5
説明変数　4, 31, 74
潜在構造分析　82
潜在変数　21
全投入法　35, 74
相関行列　16
相関係数（→ R）　7, 51
総合評価　45, 73

た行

第Ⅰ主成分　14
対角成分　22
第Ⅱ主成分　15
多次元尺度構成法　5
多重共線性　36, 78
多変量解析　4
ダミー変数　37
探索的因子分析　30, 70
探索的分析　5
単純構造　23
直交　15
直交回転　23
分散　4
t 値　34
定量的記述的試験法　41
データ　4
データ行列　8
データの集約　63
データマイニング　5
転置行列　11
デンドログラム　8, 52
独自性　22
独立変数　4, 31, 74

な・は行

2段階最小2乗法　82
パス解析　37, 82
パス係数　37

パス図　37
バリマックス法　24
判別分析　5
非階層クラスター分析　10
非反復主因子法　28
評価の階層性　73
標準化　10, 81
標準偏回帰係数（→ β）　34
標準偏差　10
非類似度　52
フェイス項目　55
布置図　63
プロフィール分析　41, 42
プロマックス法　24
分散　14
分散・共分散行列　11
分散分析　38
分析　4
平均　10
平方ユークリッド距離　8, 52
β（→標準偏回帰係数）　34
ベクトル　11
偏回帰係数　34, 74
変数　4
変数クラスター　10
偏相関　33

ま行

マンハッタン距離　9
目的変数　4, 31, 73
モデル　4
　——の確認・検証　68

や・わ・ら行

予測変数　31
ラグランジュの未定係数法　20
量的変数　5
類似度　51
累積寄与率　17
レダーマンの限界　25

著者紹介

神宮英夫（じんぐう・ひでお）
金沢工業大学情報学部心理情報学科教授。
文学博士［東京都立大学］。
認知心理学・感性工学専攻。

土田昌司（つちだ・しょうじ）
明星大学非常勤講師・実習指導員。
鶴見大学非常勤講師。
東京立正短期大学非常勤講師。
感性工学・応用実験心理学専攻。

わかる・使える　多変量解析
2008年4月20日　　初版第1刷発行　　　　定価はカヴァーに表示してあります。

著　者　　神宮英夫
　　　　　土田昌司
発行者　　中西健夫
発行所　　株式会社ナカニシヤ出版
〒606-8161　京都市左京区一乗寺木ノ本町15番地
Telephone　075-723-0111
Facsimile　075-723-0095
郵便振替　01030-0-13128
URL　http://www.nakanishiya.co.jp/
Email　iihon-ippai@nakanishiya.co.jp

装幀＝白沢　正／印刷・製本＝ファインワークス
Copyright ©2008 by H. Jingu & S. Tsuchida
Printed in Japan.
ISBN978-4-7795-0246-0

Microsoft, WindowsおよびExcelは米国Microsoft Corporationの米国およびその他の国における登録商標です。
またJUSE-StatWorksは株式会社日本科学技術研修所の，SYSTATは米国Systat Software,Inc.のそれぞれ登録商標です。
その他，本文中に記載されている社名，商品名及びサイト名はそれぞれ各社が，商標または登録商標として使用している場合があります。なお，本文中では，基本的にTMおよびRマークは省略しました。

―― ナカニシヤ出版書籍のご案内 ――

SPSS事典
BASE編　小野寺孝義・山本嘉一郎　編

心理学や社会調査のための統計解析ソフトのベストセラー「SPSS」。実際にどのようなアルゴリズムを背景に値を出力しているのかを解析法別に例示して解説。　　定価 3675 円

人文・社会科学のための カテゴリカル・データ解析入門
太郎丸 博　著

人文・社会科学で扱う統計を初歩から学びたい人必携！　クロス集計表の読み方・作成法などを中心に、式をきっちり理解して計算できるよう懇切丁寧に解説。　　定価 2940 円

フレッシュマンから大学院生までの データ解析・R言語
渡辺利夫　著

ただ統計学を学ぶのではなく、なぜその方法でよいのかも一つひとつ丁寧に解説。本書で説明する約 100 個の R 言語の関数を覚えて、データ解析をマスターしよう。　　定価 3675 円

コンジョイント分析
SPSSによるマーケティング・リサーチ　岡本眞一　著

リサーチ手法としての調査の進め方、カードの作り方、分析ソフト SPSS の利用方法と注意事項、出力結果の見方などを中心にわかりやすく解説。　　定価 2100 円

基礎から学ぶマルチレベルモデル
入り組んだ文脈から新たな理論を創出するための統計手法
クレフト＋リウー著　小野寺孝義　編訳

階層的なデータ構造を取り扱うマルチレベルモデルを易しく、懇切丁寧に解説。MLwiN, HLM, SPSS Mixed, R などの各ソフトウェアの操作法も説明する。　　定価 3150 円

ファセット理論と解析事例
行動科学における仮説検証・探索型分析手法　木村通治　他著

仮説探索型ではなく、事前仮説を重視した仮説検証型の多変量解析を目指す方法論、ファセット。その理論と 4 本の応用事例を紹介する格好の入門書。　　定価 1890 円

PAC分析実施法入門 [改訂版]
「個」を科学する新技法への招待　内藤哲雄　著

PAC：Personal Attitude Construct。各個人の態度やイメージの構造を自由連想と対話そしてクラスター分析を用いて描出する画期的な分析技法を解説。　　定価 1890 円

※表示価格は税込です。